Sami El Khatib
Maha El Khatib

Przetwarzanie sygnałów i związane z tym choroby oczu

Sami El Khatib
Maha El Khatib

Przetwarzanie sygnałów i związane z tym choroby oczu

Nacisk na ludzkie oko i jego choroby

Wydawnictwo Bezkresy Wiedzy

Cover image: www.ingimage.com

Publisher:
Wydawnictwo Bezkresy Wiedzy
is a trademark of
International Book Market Service Ltd., member of OmniScriptum Publishing Group
17 Meldrum Street, Beau Bassin 71504, Mauritius

Printed at: see last page
ISBN: 978-620-0-81197-4

Percepcja wizualna, przetwarzanie sygnałów i związane z tym choroby oczu

Nacisk na ludzkie oko i jego choroby

Sami El Khatib

Wicekan - Szkoła Sztuk i Nauk
Ph.D. Cell Biology & Oncology
Międzynarodowy Uniwersytet Libański
Zakład Nauk Biologicznych
Kampus Bekaa
Khiyara - West Bekaa
Liban
Tel+961 76012570
E-mail: sami.khatib@liu.edu.lb

Maha El Khatib

Msc. Biotechnologia Stosowana
Uniwersytet Libański
Zakład Nauk Biologicznych
Wydział Nauk
Liban
E-mail: maha.ak94@hotmail.com

Spis treści

I. Wprowadzenie .

Ludzie posiadają niezwykłą zdolność do postrzegania koloru, kształtu i ruchu, a także do różnicowania natężenia światła o ponad dziewięciu rzędach wielkości. Zdolność ta jest przekazywana przez wspaniały organ wzroku, oko.

Oko jest urządzeniem optycznym, które transmituje i skupia światło do siatkówki. Siatkówka, ~ 0,2 mm grubości centralnej tkanki nerwowej, jest pierwszą stacją systemu optycznego. Oprócz działania jako odbiornik światła, siatkówka wykonuje znaczne przetwarzanie obrazu poprzez obwody, które obejmują pięć głównych klas komórek (tj. fotoreceptory, komórki bipolarne, komórki amakrynowe, komórki poziome i komórki zwojowe). Procesy te wspólnie wzmacniają, wydobywają i kompresują sygnały w celu zachowania istotnych informacji, zanim zostaną one przekazane do dalszego przetwarzania w centralnym układzie nerwowym (mózgu) przez nerwy optyczne. Informacje z siatkówki otrzymywane przez mózg są przetwarzane w celu kontroli ruchu oczu, wielkości źrenic i rytmu okołodobowego.

Ludzki system wizualny jest tak niezwykły pod względem ilości i jakości dostarczanych przez niego informacji o świecie. Wystarczy jedno spojrzenie, aby opisać położenie, wielkość, kształt, kolor i teksturę obiektów, a jeśli obiekty się poruszają - ich kierunek i prędkość. Równie niezwykły jest fakt, że informacja wizualna może być rozpoznana w szerokim zakresie intensywności bodźców, od słabego światła gwiazd w nocy do jasnego światła słonecznego.

Książka ta opisuje proces widzenia i przetwarzania wzroku, a kończy się na opisie niektórych z najczęstszych chorób i zaburzeń wzroku, a także na podkreśleniu niektórych rodzajów żywności, które poprawiają wzrok.

II. Ludzkie Oko: Anatomia i terminologia

System sensoryczny jest częścią systemu nerwowego, który jest odpowiedzialny za przetwarzanie informacji sensorycznych. System sensoryczny składa się z receptorów sensorycznych, ścieżek nerwowych i części mózgu zaangażowanych w percepcję sensoryczną. Powszechnie uznanymi systemami sensorycznymi są te, które służą do widzenia, słyszenia, somatycznego odczuwania (dotyk), smaku i olfaction (zapach). Spośród wszystkich tych systemów, wzrok jest najbardziej podstawowym z naszych zmysłów.

Nasze oczy są cudownymi organami zmysłu, które pozwalają nam widzieć. Pozwalają nam one docenić całe piękno świata, w którym żyjemy, czytać i zdobywać wiedzę oraz przekazywać sobie nawzajem nasze myśli i uczucia poprzez ekspresję wizualną i sztuki wizualne.

II.1. Anatomia ludzkiego oka

Patrząc komuś w oczy, możemy zidentyfikować następujące różne struktury (**Rysunek 1**):

- **Przesłona wyglądająca na czarną, źrenica, która znajduje się w** środku oka i przepuszcza światło do wnętrza oka. Wydaje się ciemna z powodu wchłaniających się pigmentów w siatkówce oka (Kolb, 2013).

- **Kolorowy, okrągły mięsień**, **tęczówka**, która jest pięknie zabarwiona, daje nam kolor naszego oka (centralny otwór tęczówki jest źrenicą). Ten okrągły mięsień kontroluje wielkość źrenicy tak, że mniej lub więcej światła, w zależności od warunków jest dozwolone do wejścia do oka. Kolor oka, lub bardziej poprawnie, kolor tęczówki wynika ze zmiennej ilości eumelaniny (melaniny brązowe/czarne) i feomelaniny (melaniny czerwone/żółte) produkowanej przez melanocyty. Większość osób ma brązowe oczy, a reszta to niebieskie i zielonooki (Kolb, 2013).
- **Przezroczysta powierzchnia zewnętrzna**, **rogówka**, która pokrywa zarówno źrenicę jak i tęczówkę. Jest to pierwszy i najmocniejszy obiektyw układu optycznego. Pozwala ona, wraz z krystaliczną soczewką, na produkcję ostrego obrazu na poziomie fotoreceptora siatkówki (Widmaier, 2008).
- **Biel oka"**, **twardówka**, która stanowi część ściany nośnej gałki ocznej. Tworzy ona białą kapsułkę wokół oka, z wyjątkiem przedniej powierzchni, gdzie specjalizuje się w przezroczystej rogówce. Z twardówka jest ciągła z rogówką. Co więcej, to zewnętrzne pokrycie oka jest w ciągłości z materią twardówki centralnego układu nerwowego (Widmaier, 2008).

Ta twarda, włóknista twardówka służy jako punkt wprowadzenia dla mięśni zewnętrznych, które poruszają gałką oczną w obrębie ich gniazd.

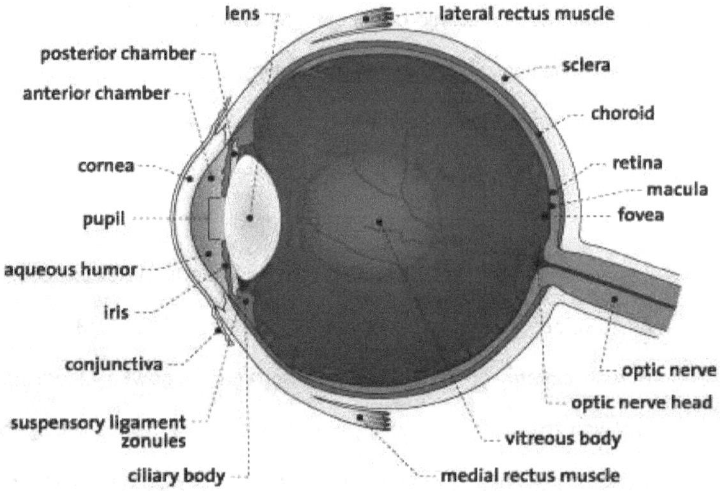

Rysunek 1: Oko ludzkie, widok przekrojowy przedstawiający strukturę wewnętrzną

Pod twardówką znajduje się **naczyniówka**, ciemno zabarwiona warstwa, która pochłania jasne promienie z tyłu gałki ocznej (Kolb, 2013).

Głębiej wewnątrz oka znajduje się soczewka, która dodatkowo załamuje światło i pomaga stworzyć delikatniejszy obraz. Soczewka **krystaliczna wykonana jest** z warstw materiału włóknistego i posiada współczynnik załamania światła wynoszący około 1,40. W odróżnieniu od obiektywu aparatu, obiektyw oka może zmieniać swój kształt i w ten sposób służyć do regulacji procesu widzenia. Soczewka jest przymocowana do **mięśni rzęskowych** i zawieszona przez wiązadła (zwane **włóknami strefowymi**) przymocowane do przedniej części mięśni rzęskowych. Skurcz lub rozluźnienie tych wiązadeł w wyniku działania mięśni szyjnych zmienia kształt soczewki. Proces ten nazywany jest **zakwaterowaniem.** Pozwala on na stworzenie ostrego obrazu na siatkówce oka (Kolb, 2013).

Wewnętrzna powierzchnia oka jest znana jako **siatkówka** oka. Jest ona przedłużeniem mózgu, które wytycza linię wewnętrznej-posteriornej powierzchni oka i zawiera wiele rodzajów neuronów, a także komórki czuciowe oka, zwane fotoreceptorami. Te komórki fotoreceptorów to pręciki i stożki. Dorosłe oko jest zazwyczaj wyposażone w do 120 milionów prętów, które wykrywają intensywność światła i około 6 milionów stożków, które wykrywają częstotliwość światła. Te pręty i stożki wysyłają impulsy nerwowe do mózgu. Impulsy nerwowe podróżują przez sieć komórek nerwowych. Istnieje aż milion ścieżek nerwowych od prętów i stożków do mózgu. Ta sieć komórek nerwowych jest połączona razem, tworząc **nerw wzrokowy** na samym końcu gałki ocznej (Widmaier, 2008).

Punkt z tyłu oka, w którym nerwy wzrokowe opuszczają oko, nazywany jest **martwą plamą**. Ten obszar siatkówki nie zawiera fotoreceptorów, a więc jest niewrażliwy na światło. Obiekty, które leżą całkowicie w obrębie martwego pola nie są odbierane (Kolb, 2013).

Centralnym punktem ostrości obrazu w ludzkiej siatkówce oka jest **wada**. Jest to depresja w siatkówce oka, która zawiera tylko stożki i zapewnia nam ostry wzrok (Kolb, 2013).

II.1.a. Trzy różne warstwy oczne

Przekrojowy widok oka wskazuje, że zawiera trzy różne warstwy (Kolb, 2013):

- Warstwa zewnętrzna, utworzona przez twardówkę i rogówkę
- Warstwa pośrednia, podzielona na dwie części: przednią (tęczówka i ciało rzęsiste) i tylną (naczyniówka).
- Warstwa wewnętrzna, lub sensoryczna część oka, siatkówka oka

II.1.b. Komory znalezione w ludzkim oku

Oko zawiera również trzy komory płynu (Widmaier, 2008):

- Komora przednia (między rogówką a tęczówką),
- Komora tylna (pomiędzy tęczówką, więzadłem zawieszającym i soczewką)
- Komora szklista (pomiędzy soczewką a siatkówką).

Pierwsze dwie komory są wypełnione humorem wodnym, podczas gdy komora szklista jest wypełniona bardziej lepkim płynem, humorem szklistym.

II.1.c. Wspomagające części ludzkiego oka

Inne części ludzkiego oka odgrywają rolę pomocniczą w głównej działalności wzroku. Niektóre niosą płyny (takie jak łzy i krew) do smarowania lub odżywiania oka, inne są mięśniami, które umożliwiają ruch oka, niektóre części chronią oko przed urazami (takie jak pokrywy i nabłonek rogówki), a niektóre są posłańcami, wysyłającymi informacje sensoryczne do mózgu (takie jak nerwy czujące ból w rogówce i nerw wzrokowy za siatkówką).

Każda część oka odgrywa inną rolę w umożliwieniu człowiekowi widzenia. Ostatecznym celem takiej anatomii jest umożliwienie człowiekowi skupienia obrazów na tylnej części oka, siatkówce oka. Chociaż wszystkie części oka są ważne dla postrzegania dobrego obrazu, najważniejszą warstwą dla widzenia jest siatkówka oka (Widmaier, 2008).

II.2. Światło i widzenie

Nasze oczy są wrażliwe tylko na niewielką część ogromnego spektrum promieniowania elektromagnetycznego, które nazywamy światłem widzialnym. Energia promieniowania wyrażana jest w postaci długości fali (λ) i częstotliwości. Te długości fal, które mogą stymulować fotoreceptory oka, wahają się od nieco mniej niż 400 nm do około 750 nm. Różne długości fal w ramach widma widzialnego są postrzegane jako różne kolory (rys. **2**) (Widmaier, 2008).

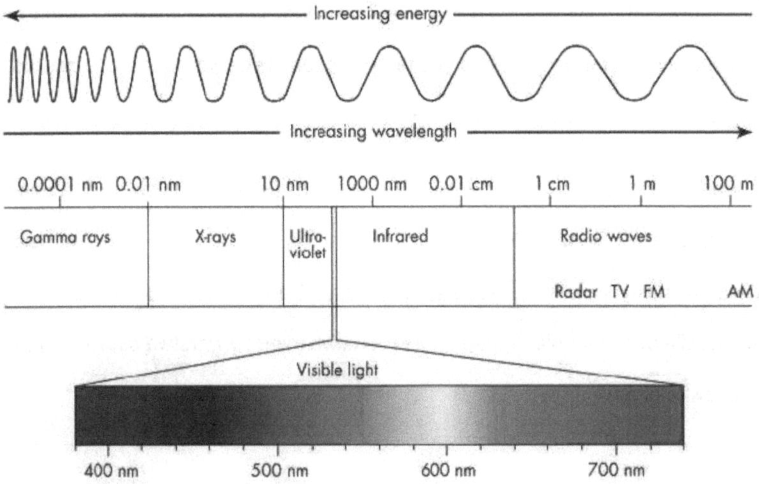

Rysunek 2: Widmo elektromagnetyczne. Zakres światła widzialnego wynosi od 400 do 750 nm (http://lumenistics.com/what-is-full-spectrum-lighting/).

III. Retina

Wizja zaczyna się od wychwytywania energii świetlnej przez fotoreceptory obecne w ludzkiej siatkówce oka. Siatkówka ma około 0,5 mm grubości. Jest to część neuronalna, która wytycza linię wewnętrzną tylnej części oka ludzkiego (Kolb, 2013). Jest ona odpowiedzialna za konwersję sygnałów świetlnych, dostarczanych przez przychodzące fotony, na sygnały elektryczne, które są wysyłane do mózgu przez nerw wzrokowy do procesji, a tym samym do percepcji obrazu. Dlatego nie jest zaskakujące, aby zbadać anatomię i fizjologię siatkówki przed zrozumieniem procesu percepcji wzrokowej (Purves, 2004).

III.1. Rozwój siatkówki embrionalnej

Siatkówka jest częścią centralnego układu nerwowego. Pochodzi ona z cewki nerwowej i powstaje podczas rozwoju zarodka z pęcherzyków nerwu wzrokowego wyciągających się z dwóch stron rozwijającej się cewki nerwowej. Pierwotne pęcherzyki optyczne składają się z powrotem na siebie (wchłaniają), tworząc filiżankę optyczną, której wnętrze staje się siatkówką, a zewnętrzna pozostaje pojedynczą monowarstwą nabłonka znaną jako nabłonek barwnika siatkówki (RPE). Początkowo obie ściany szkiełka optycznego są grube na jedną komórkę, ale komórki wewnętrznej ściany dzielą się, tworząc neuro-nabłonkową warstwę o wielu grubościach komórek: siatkówkę (ryc. **3**) (Kolb, 2013).

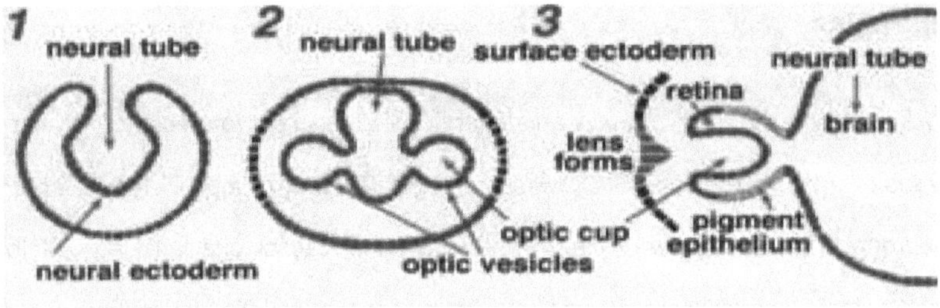

Rysunek 3: Rozwój oka ludzkiego. Siatkówka oka pochodzi z rurki neuronowej, w której pęcherzyki optyczne wnikają tworząc kielich optyczny. Wnętrze kielicha staje się siatkówką, a na zewnątrz nabłonkiem barwnika siatkówki (Kolb, 2013).

Tak więc rozwój siatkówki charakteryzuje się powstawaniem wielu warstw siatkówki powstających w wyniku podziału komórek, a następnie ich migracji. Siatkówka rozwija się w sposób od wewnątrz do zewnątrz (rys. **4**), czyli komórki zwojowe są formowane jako pierwsze, a komórki fotoreceptora jako ostatnie w pełni dojrzałe (Purves, 2004).

III.2. Populacja komórek w siatkówce

Siatkówka ludzka składa się z neuronów ponad 60 różnych typów, które można podzielić na pięć różnych rodzin neuronów: fotoreceptory (pręty i stożki), komórki bipolarne, komórki poziome, komórki amakrynowe i komórki zwojowe (Masland, 2012). Ciała i procesy komórkowe tych neuronów ułożone są w warstwach naprzemiennych, przy czym ciała komórek znajdują się w wewnętrznej, zewnętrznej i zwojowej warstwie komórek jądrowych, a procesy i kontakty synaptyczne w wewnętrznej i zewnętrznej warstwie splotu (rys. **4**) (Purves, 2004).

Główna droga przepływu informacji przez ludzką siatkówkę jest od komórek fotoreceptorów do komórek bipolarnych do komórek zwojowych; łańcuch trzech neuronów. Neurony w wizualnej drodze przepływu są często opisywane jako neurony pierwszego rzędu (fotoreceptory), drugiego rzędu (komórki poziome i bipolarne) oraz trzeciego rzędu (komórki amakrynowe i komórki zwoju).

III.2.a. Fotoreceptory

Istnieją dwa rodzaje fotoreceptorów w siatkówce oka: pręty i stożki. Możesz zapytać o powód posiadania dwóch typów fotoreceptorów. Odpowiedź jest taka, że pręciki są nieobecne w wawrzynu, a widzenie w nocy jest słabe, gdy przychodzące światło jest ograniczone do tego regionu. Tak więc, pręty są odpowiedzialne za widzenie nocne, podczas gdy pachołki są odpowiedzialne za widzenie dzienne/kolorowe (Schiller, 2010).

Zarówno pręty, jak i stożki mają segment zewnętrzny składający się z dysków membranowych, które zawierają światłoczuły fotopigment i przylegają do nabłonka pigmentu, oraz segment wewnętrzny, który zawiera jądro komórki i daje początek zaciskom synaptycznym stykającym się z komórkami bipolarnymi lub poziomymi (**rysunek 5**).

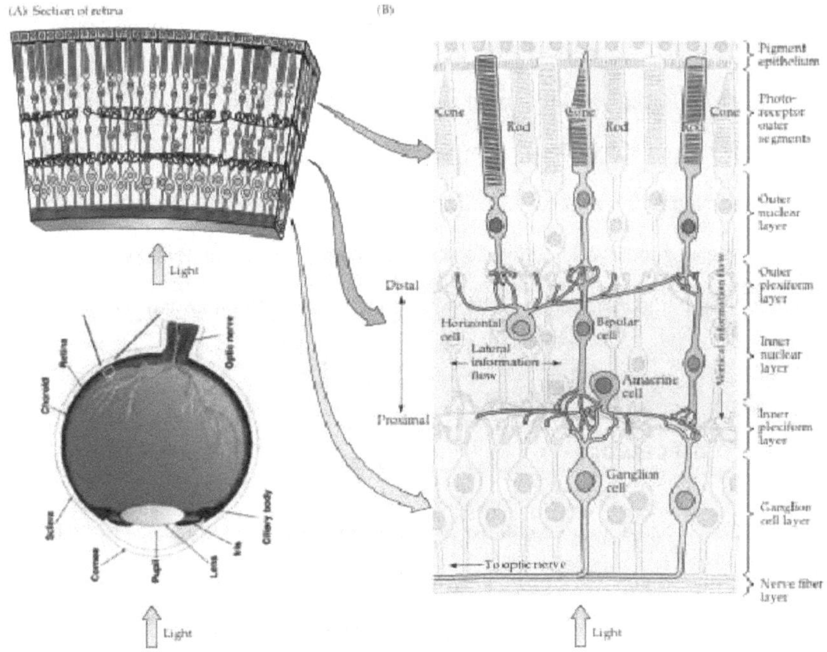

Rysunek 4: Struktura siatkówki. A) Przekrój siatkówki okazujący ogólny układ warstw siatkówki. (B) Schemat podstawowego obwodu siatkówki.

Łańcuch trójnuronowy - fotoreceptor, komórka bipolarna i komórka zwojowa - stanowią najbardziej bezpośrednią drogę przekazywania informacji wizualnych do mózgu. Komórki poziome i komórki amakrynowe pośredniczą w bocznych interakcjach odpowiednio w zewnętrznej i wewnętrznej warstwie splotu. Terminy wewnętrzne i zewnętrzne oznaczają względne odległości od centrum oka (wewnętrzne, w pobliżu centrum oka; zewnętrzne, z dala od centrum, lub w kierunku nabłonka pigmentowego) (Purves, 2004).

Absorpcja światła przez fotopigment w zewnętrznym segmencie fotoreceptorów inicjuje kaskadę zdarzeń, które zmieniają potencjał błonowy receptora, a tym samym ilość neurotransmiterów uwalnianych przez synapsy fotoreceptorów na stykające się z nimi komórki. Synapsy pomiędzy końcówkami fotoreceptorów a komórkami bipolarnymi (i poziomymi) występują w zewnętrznej warstwie pleksiglasu; dokładniej mówiąc, ciała komórek fotoreceptorów tworzą zewnętrzną warstwę jądrową, podczas gdy ciała komórek bipolarnych leżą w wewnętrznej warstwie jądrowej. Krótkie aksonalne procesy zachodzące w komórkach bipolarnych powodują powstawanie kontaktów synaptycznych na przemian w procesach dendrytycznych komórek zwojowych w wewnętrznej warstwie splotu. Znacznie większe aksony komórek zwoju tworzą nerw wzrokowy i przenoszą informacje o stymulacji siatkówki do reszty ośrodkowego układu nerwowego (Purves, 2004).

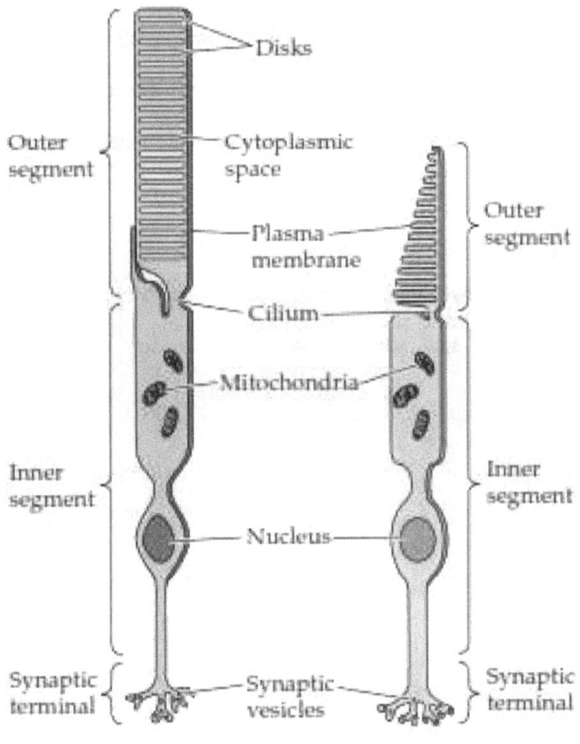

Rysunek 5: Struktura fotoreceptora. Fotoreceptor składa się z segmentu zewnętrznego (w pobliżu nabłonka pigmentu siatkówki), segmentu wewnętrznego i terminala synaptycznego. Po lewej stronie pokazany jest pręt, a po prawej stożek (Purves, 2004).

III.2.b. Inter-Neurony: Komórki bipolarne, poziome i amakrynowe

Interneurony w siatkówce oka, komórki bipolarne, komórki poziome i komórki amakrynowe służą do połączenia fotoreceptorów z komórkami zwojowymi. Ich ciała komórkowe znajdują się w wewnętrznej warstwie jądrowej i mają procesy ograniczone do zewnętrznej (komórki poziome), wewnętrznej (komórki amakrynowe) oraz zarówno zewnętrznej, jak i wewnętrznej warstwy splotu (komórki dwubiegunowe) (**rysunek 4**) (Hildebrand, 2011).

Procesy komórek poziomych umożliwiają boczne oddziaływania fotoreceptorów i komórek dwubiegunowych, które utrzymują wrażliwość układu wzrokowego na natężenie światła. Dostarczają one hamującego sprzężenia zwrotnego do prętów i stożków oraz ewentualnie do dendrytów komórek bipolarnych poprzez wydzielanie hamującego neurotransmitera γ- kwasu masłowegoaminomasłowego (GABA) (Misland, 2012).

Procesy komórek amakrynowych są postsynaptyczne do terminali komórek bipolarnych i presynaptyczne do dendrytów komórek zwojowych. Uważa się, że różne podklasy komórek amakrynowych mają wyraźny wkład w funkcje wzrokowe (Purves, 2004). Najważniejszymi komórkami amakrynowymi są komórki amakrynowe typu starburst, które biorą udział w wykrywaniu ruchu (Hildebrand, 2011) oraz komórki amakrynowe typu AII, które biorą udział w widzeniu skotopowym (nocnym). Różnorodność podtypów komórek amakrynowych ilustruje bardziej ogólną zasadę, że chociaż istnieje tylko pięć podstawowych typów komórek siatkówki, można zaobserwować znaczne zróżnicowanie w obrębie danego typu komórek (Purves, 2004).

W najprostszym przypadku ogniwo fotoreceptora jest bezpośrednio połączone z ogniwem zwojowym poprzez ogniwo bipolarne. Ogniwa bipolarne otrzymują wejście z pręta lub stożka. Bipolarne ogniwa stożkowe mogą stykać się z zaledwie jednym pachołkiem, natomiast bipolarne ogniwa prętowe mogą otrzymać wejście nawet z 70 prętów (Hildebrand, 2011).

Komórki bipolarne posiadają koncentryczne pola recepturowe i są klasyfikowane jako komórki bipolarne typu ON- i OFF- z odpowiedzi centrum pola recepturowego (Kaneda, 2013). Komórki bipolarne typu ON ulegają depolaryzacji, gdy ich centrum pola chłonnego jest podświetlone, a hiperpolaryzują, gdy ich otoczenie pola chłonnego jest podświetlone. Komórki bipolarne typu OFF hiperpolaryzują, gdy ich centrum pola chłonnego jest podświetlone, a depolaryzują, gdy ich otoczenie pola chłonnego jest podświetlone. Komórki bipolarne typu ON obejmują 5 podtypów komórek bipolarnych typu ON i bipolarnych prętowych, natomiast komórki bipolarne typu OFF posiadają tylko 4 podtypy komórek bipolarnych typu OFF (**Rysunek 6**) (Kaneda, 2013).

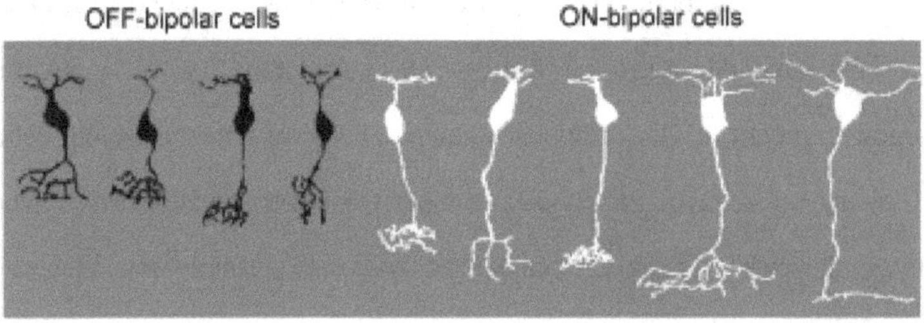

Rysunek 6: Komórki bipolarne ON- i OFF-. Istnieją 4 komórki bipolarne typu OFF-cone i 5 komórek ON-bipolarnych (dla prętów i stożków) (Sterling, 2013).

Różnica między reakcjami ON i OFF wynika z ekspresji dwóch klas receptora glutaminianowego. Komórki bipolarne OFF wyrażają receptory typu AMPA i kainate, które są kanałami kationowymi otwieranymi przez glutaminian; ponieważ komórki fotoreceptora hiperpolaryzują w odpowiedzi na światło, te komórki bipolaryzują również w odpowiedzi na światło, ponieważ mniej glutaminianu pochodzi z synapsy stożkowej. W komórkach bipolarnych ekspresję mGluR6, receptora metabolotropowego, który po związaniu się glutaminianu z receptorem, prowadzi do zamknięcia kanału kationowego TRPM1. Receptor ten ulega w ten sposób odwróceniu oznak. Gdy światło powoduje, że z terminala fotoreceptora odbierane jest mniej glutaminianu, kanały kationowe otwierają się, a komórka ulega depolaryzacji (Mesland, 2013).

Reakcja centralna jest mediowana przez glutaminian uwalniany z fotoreceptorów, podczas gdy reakcja przestrzenna jest uważana za związaną z GABAergicznym sprzężeniem zwrotnym do komórek bipolarnych za pośrednictwem komórek poziomych (Kaneda, 2013).

W ten sposób, w drodze do komórki zwojowej, sygnały wizualne są przekazywane i modyfikowane przez bipolarne, poziome i amakrynowe komórki w ramach przetwarzania wizualnego w siatkówce oka.

Komórki zwojowe to komórki odpowiedzialne za przekazywanie informacji wizualnej z siatkówki do mózgu w celu dalszego przetwarzania (Hildebrand, 2011).

Ciała komórek zwojowych znajdują się w warstwie komórek zwojowych, a ich dendryty stykają się z komórkami bipolarnymi i amakrynowymi w wewnętrznej warstwie pleksiglasu (IPL). W ludzkiej siatkówce oka opisano do 20 różnych typów komórek zwojowych. Dwa najbardziej znane typy to komórki karłowate i pasożytnicze, które stanowią około 80% populacji komórek zwojowych. Komórka zwoju karłowatego (znana również jako komórka P lub B) jest małą komórką o stosunkowo małym trzpieniu dendrytycznym. Komórka zwoju parasolowego (komórka M lub A) ma znacznie szerszy trzpień dendrytyczny, który w preparatach histologicznych siatkówki przypomina otwarty parasol. Komórki karłowate i parasolowe wystają do warstwy parwokomórkowej i magnokomórkowej bocznego jądra genikulatu (LGN) w wzgórzu (Hildebrand, 2011).

III.3. Retina środkowa i obwodowa

Centralna siatkówka jest tą częścią siatkówki, która znajduje się blisko wrót. Jest ona znacznie grubsza od siatkówki obwodowej (na obwodzie) ze względu na zwiększone upakowanie fotoreceptorów, zwłaszcza stożków, wraz z towarzyszącymi im międzynerkami i komórkami zwojowymi (Kolb, 2013).

Siatkówka środkowa jest siatkówką zdominowaną przez stożek, natomiast siatkówka obwodowa jest siatkówką zdominowaną przez pręt. Tak więc wewnętrzna warstwa jądrowa (INL) jest grubsza w siatkówce centralnej w porównaniu z siatkówką obwodową, ze względu na większą gęstość łączących się ze sobą neuronów drugiego rzędu (komórki bipolarne stożkowe i poziome) oraz komórek amakrynowych trzeciego rzędu związanych ze szlakami stożkowymi (Kolb, 2013).

IV. Percepcja wizualna

Jak już wcześniej wspomnieliśmy, widzenie zaczyna się od absorpcji światła przez pigmenty wizualne w siatkówce oka i fotoreceptory stożkowe. Następnie następuje konwersja energii świetlnej w energię elektryczną, proces zwany fototransdukcją.

Te dwa rodzaje fotoreceptorów, prętów i stożków, są tak nazwane ze względu na ich ogólny kształt (Luo, 2008). Stożki to solidne, stożkowate konstrukcje, natomiast pręty to smukłe, prętowe konstrukcje (**Rysunek 7**) (Kolb, 2013).

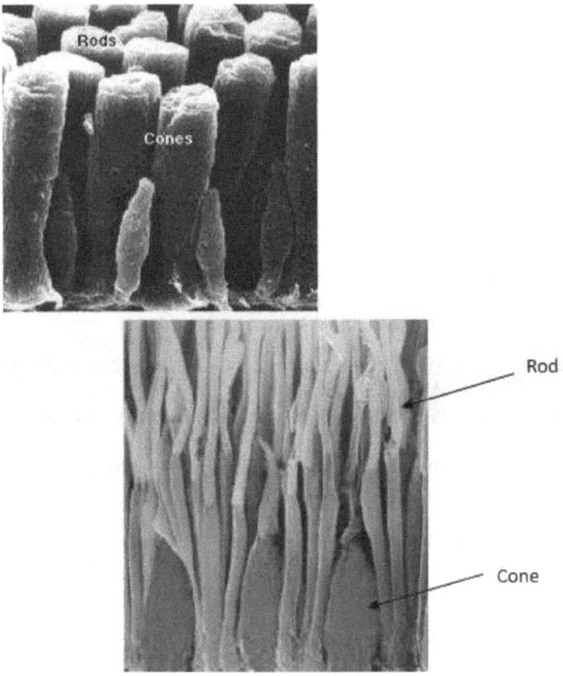

Rysunek 7: Skanowanie mikrografów elektronowych prętów i stożków ludzkiej siatkówki (Kolb, 2013).

Pręty i szyszki to wyspecjalizowane neurony jednobiegunowe. Wszystkie wizualne receptory kręgowców podążają za prostym schematem. Można je podzielić na dwie części, zwane segmentami wewnętrznymi i zewnętrznymi, zgodnie z ich promieniowym położeniem w siatkówce oka. Segment wewnętrzny składa się z korpusu komórkowego i zawiera organelle komórkowe znajdujące się w innych neuronach, w tym terminal synaptyczny. Zewnętrzny segment jest skomplikowanym, zmodyfikowanym kilem, który zawiera mechanizmy biochemiczne potrzebne do wizualnej transdukcji. Składniki kaskady enzymu fototransdukcji są upakowane w stosy spłaszczonych, błoniastych pęcherzyków ("dyski") (**rysunek 8**), które w prętach są zamknięte przez błonę plazmową segmentu zewnętrznego. Stożki mają podobną strukturę, ale membrany tarczowe są przedłużeniem membrany plazmowej, ułożonej w serię zagięć (Isayma, 2013).

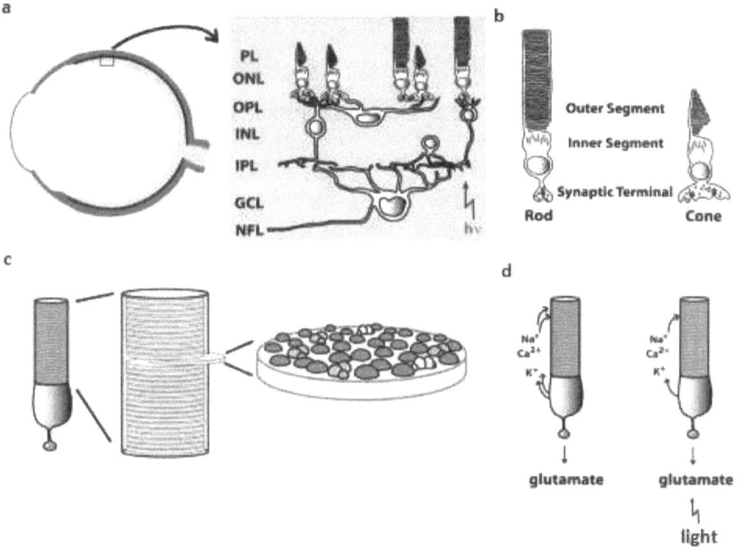

Rysunek 8: Plan komórkowy fotoreceptorów kręgowców. **a.** siatkówka nerwowa w obrębie oka kręgowca. **b.** morfologia prętów i stożków. **c.** błony tarczowe segmentu zewnętrznego zawierające biochemiczne składniki ścieżki wykrywania światła; pigmenty fotograficzne. **d.** prąd "ciemny". Na+ i mniejsza ilość Ca2+ wchodzi przez cykliczne kanały nukleotydowe w membranie segmentu zewnętrznego, podczas gdy K+ wychodzi przez kanały napięciowe w segmencie wewnętrznym. W ciemności (po lewej) pręt jest depolaryzowany i w sposób ciągły uwalnia glutaminian neuroprzekaźnika. W odpowiedzi na światło (po prawej), kanały w membranie segmentu zewnętrznego zamykają się, pręt hiperpolaryzuje, a uwalnianie glutaminianu zmniejsza się (Isayama, 2013).

IV.1. Anatomiczne rozmieszczenie prętów i stożków

Rozmieszczenie prętów i stożków na powierzchni siatkówki ma istotne konsekwencje dla widzenia (**Rysunek 9**). Pomimo tego, że w postrzeganiu w typowym świetle dziennym dominuje widzenie ze stożkiem, łączna liczba prętów w ludzkiej siatkówce (ok. 90 mln) znacznie przewyższa liczbę stożków (ok. 4,5 mln). W rezultacie gęstość pręcików jest znacznie większa niż stożków w większości siatkówki. Zależność ta zmienia się jednak dramatycznie w **upiorze**, wysoko wyspecjalizowanym regionie środkowej siatkówki, który mierzy około 1,2 milimetra średnicy (Purves, 2004).

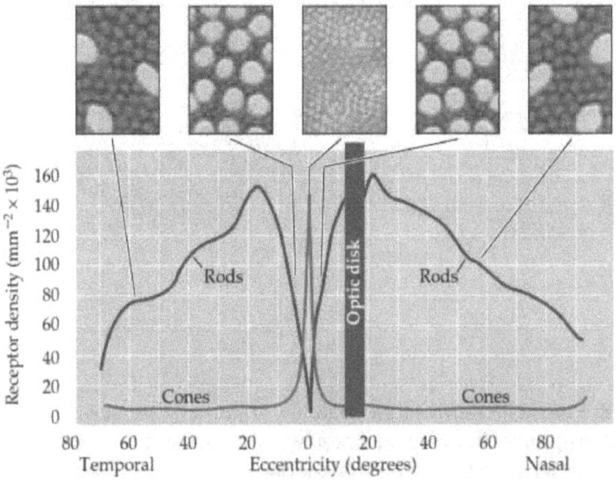

Rysunek 9: Rozmieszczenie prętów i stożków w ludzkiej siatkówce oka. Wykres ilustruje, że szyszki są obecne w małej gęstości w całej siatkówce oka, z ostrym szczytem w środku wątku. I odwrotnie, pręty są obecne w dużej gęstości na większości siatkówki, z ostrym szczytem w środku przedniej części. Pręciki u góry ilustrują wygląd twarzy na odcinkach przez zewnętrzne segmenty fotoreceptorów w różnych mimośrodach. Zwiększonemu zagęszczeniu stożków w przedsionkach towarzyszy uderzające zmniejszenie średnicy ich zewnętrznych segmentów (Purves, 2004).

W płynie płodowym gęstość stożka wzrasta prawie 200-krotnie, osiągając w jego centrum najwyższą gęstość upakowania receptorów w dowolnym miejscu siatkówki. Ta wysoka gęstość jest osiągana poprzez zmniejszenie średnicy zewnętrznych segmentów stożka tak, aby stożki płatkowe przypominały w wyglądzie pręty. Zwiększonej gęstości stożków w płynie płodowym towarzyszy gwałtowny spadek gęstości prętów. W rzeczywistości środkowe 300 µm pływaka, zwanego **pływakiem**, jest całkowicie pozbawione pręcików. Niezwykle wysoka gęstość receptorów stożkowych w płynie morskim oraz relacje jeden-na-jeden z komórkami dwubiegunowymi i komórkami zwojów siatkówki nadają temu komponentowi systemu stożkowego zdolność do pośredniczenia w wysokiej ostrości widzenia. Ponieważ gęstość stożka zmniejsza się wraz z ekscentrycznością, a stopień zbieżności z komórkami zwoju siatkówki wzrasta, ostrość widzenia ulega znacznemu zmniejszeniu. Tylko 6° mimośrodowości w stosunku do linii wzroku, ostrość jest zmniejszona o 75%. Ograniczenie największej ostrości wzroku do tak małego obszaru siatkówki jest głównym powodem, dla którego ludzie spędzają tak dużo czasu na poruszaniu oczami (i głowami), w efekcie kierując wroga dwojga oczu do interesujących ich obiektów (Purves, 2004).

Inną anatomiczną cechą wgłębienia (co dosłownie oznacza "zagłębienie"), która przyczynia się do lepszej ostrości układu stożkowego jest to, że warstwy ciałek i procesy zachodzące na fotoreceptory w innych obszarach siatkówki są przemieszczane wokół wgłębienia, a zwłaszcza wgłębienia (**Rysunek 10**). W rezultacie, fotony są poddawane minimalnemu rozpraszaniu przed uderzeniem w fotoreceptory. Wreszcie, inne potencjalne źródło zniekształceń optycznych, które leży w drodze światła do receptorów - siatkówkowe naczynia krwionośne - są odsuwane od wrostka. Ten centralny region wgłobienia jest zatem zależny od leżących u jego podstaw nabłonków naczyniowych i pigmentowych w celu dotlenienia i utrzymania metabolizmu (Purves, 2004).

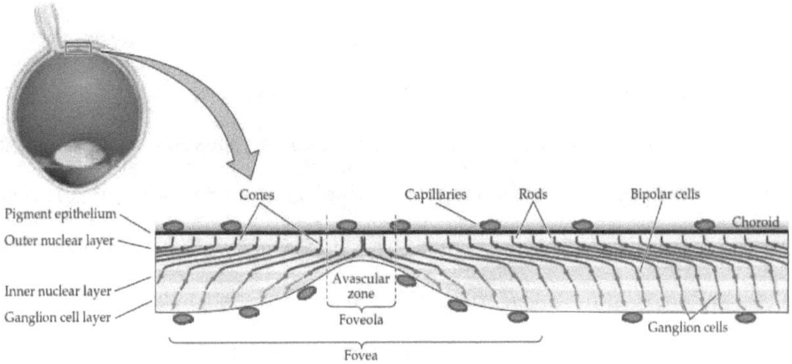

Rysunek 10: Schematyczny przekrój poprzeczny przez ludzki wątek. Nałożone warstwy komórkowe i naczynia krwionośne są przemieszczane w taki sposób, że światło jest poddawane minimalnemu rozpraszaniu, zanim fotony uderzą w zewnętrzne segmenty stożków w środku wlewu (Purves, 2004).

IV. 2. Szyszki i wizja kolorów

Szczególną właściwością systemu stożkowego jest widzenie kolorów. Postrzeganie kolorów pozwala nam na rozróżnienie obiektów na podstawie rozkładu długości fal światła, które odbijają do oka. Kolor daje nam oczywiście zupełnie inny sposób postrzegania i opisywania świata, w którym żyjemy.

W przeciwieństwie do prętów, które zawierają pojedynczy fotopigment, istnieją trzy rodzaje stożków, które różnią się od siebie zawartością fotopigmentu. Każdy z tych fotopigmentów ma inną czułość na światło o różnych długościach fali i z tego powodu określa się je jako "niebieskie", "zielone" i "czerwone" lub, bardziej odpowiednio, krótkie (S ~430 nm), średnie (M ~530 nm) i długie (L ~560 nm) długości fali - stożki-termy, które mniej więcej opisują swoją czułość spektralną (**rysunek 11**). Nomenklatura ta zakłada, że poszczególne stożki dostarczają informacji kolorystycznych dla długości fali światła, które najlepiej je pobudza. W rzeczywistości, pojedyncze stożki, podobnie jak pręty, są całkowicie ślepe pod względem kolorystycznym, ponieważ ich odpowiedź jest po prostu odbiciem liczby fotonów, które wychwytują, niezależnie od długości fali fotonu (lub, bardziej poprawnie, jego energii wibracji) (Purves, 2004).

Duża część informacji o widzeniu kolorów pochodzi z badań osób z nieprawidłowymi zdolnościami wykrywania kolorów. Niedostatki w zakresie widzenia kolorów wynikają albo z odziedziczonego braku jednego lub kilku pigmentów stożkowych, albo też z nieprawidłowego widzenia kolorów.

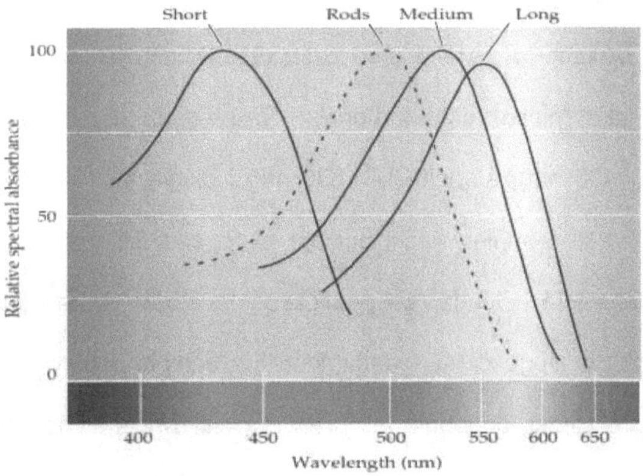

Rysunek 11: Widzenie kolorów. Widma absorpcji światła czterech fotopigmentów w normalnej siatkówce oka ludzkiego. (Przypomnijmy, że światło zdefiniowane jest jako promieniowanie elektromagnetyczne o długości fali od ~400 do 700 nm). Krzywe stałe wskazują trzy rodzaje opsin stożkowych; krzywa przerywana przedstawia rodopsyny prętowe do porównania (Purves, 2004).

zmiany w widmach absorpcji pigmentów stożkowych. W normalnych warunkach większość ludzi może dopasować dowolny kolor w bodźcu testowym poprzez regulację intensywności trzech nałożonych na siebie źródeł światła generujących długie, średnie i krótkie fale. Fakt, że tylko trzy takie źródła światła są potrzebne do dopasowania (prawie) wszystkich postrzeganych kolorów jest silnym potwierdzeniem faktu, że odczucie koloru opiera się na względnym poziomie aktywności w trzech zestawach stożków o różnych widmach absorpcji. To, że widzenie kolorów jest **trichromatyczne, zostało po raz pierwszy rozpoznane** przez Thomasa Younga na początku XIX wieku (stąd też ludzie z normalnym widzeniem kolorów nazywani są trichromatami) (Purves, 2004).

IV.3. Przetwarzanie wizualne

IV. 3.a. Przetwarzanie wizualne w obrębie siatkówki

Większość neuronów utrzymuje potencjał membrany spoczynkowej na poziomie około -60 do -70 mV, a pod wpływem impulsu otwierają kanały kationowe i umożliwiają przepływ Na+. Wynikająca z tego depolaryzacja otwiera w synapsie zagregowane napięciowo kanały Ca2+. Ca2+ przepływa i sprzyja fuzji pęcherzyków synaptycznych, które uwalniają neurotransmiter (Isayama, 2013).

Pręty i szyszki pracują "do tyłu". W spoczynku, czyli w ciemności, pręty i stożki są depolaryzowane do -35 do -45 mV (**Rysunek 12**), ponieważ kanały w membranie segmentu zewnętrznego, które przechodzą przez Na+ otwierają się. Wyciek K+ przez kanały napięciowe w segmencie wewnętrznym równoważy napływ kationów w segmencie zewnętrznym, uzupełniając obwód elektryczny, zwany "ciemnym" lub krążący prąd. Badacze odkryli, że cykliczny monofosforan guanozyny (cGMP) jest niezbędny do utrzymania kanałów Na+ w stanie otwartym i że kanały zostaną zamknięte, jeśli cGMP zostanie przekształcony w GMP (Isayama).

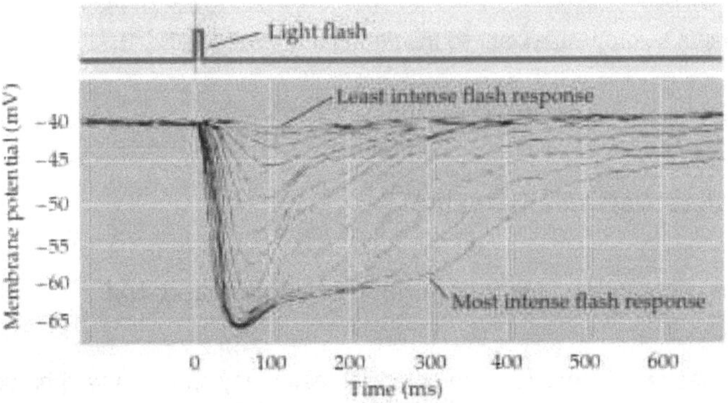

Rysunek 12: Zapis wewnątrzkomórkowy z pojedynczego stożka stymulowanego różnymi ilościami światła. Każdy ślad reprezentuje odpowiedź na krótki błysk o różnym natężeniu (Purves, 2004).

Ponieważ fotoreceptory są już zdepolaryzowane w ciemności, kanały Ca2+ są otwarte, a napływ jonów Ca2+ wspomaga stałe uwalnianie glutaminianu neuroprzekaźnika z końcówek pręta i stożka na neurony drugiego rzędu. Kiedy pręty i stożki odbierają światło, kanały w ich zewnętrznych segmentach zamykają się i membrana hiperpolaryzuje w kierunku potencjału równowagi dla K+. W przypadku synapsy, wrażliwe na napięcie kanały Ca2+ zamykają się, a uwalnianie neuroprzekaźników ustaje (Schwartz, 2002).

Pigment wizualny to receptor sprzężony z białkiem G (GPCR), który składa się z białka, opsyny, kowalencyjnie połączonego z chromoforem pochodzącym z witaminy A, siatkówką 11-cis (Kefalov, 2012). Siatkówka nie może być wykonana *de novo* przez organizm i musi być stale przyjmowana w diecie. W związku z tym, niedobór witaminy A powoduje ślepotę nocną; uszczuplenie siatkówki 11-cis prowadzi do mniej funkcjonalnych rodopsyny i niższej wrażliwości prętów (Isayama, 2013).

Podobnie jak wszystkie GPCR, rodopsyna, fotopigment prętowy, składa się z siedmiu segmentów transmembranowych (od H1 do H7) połączonych trzema pętlami pozakomórkowymi i trzema cytoplazmatycznymi (ryc. **13**) (Shichida, 2003), a odpowiadające im białko G nazywane jest transducyną (Isayama, 2013).

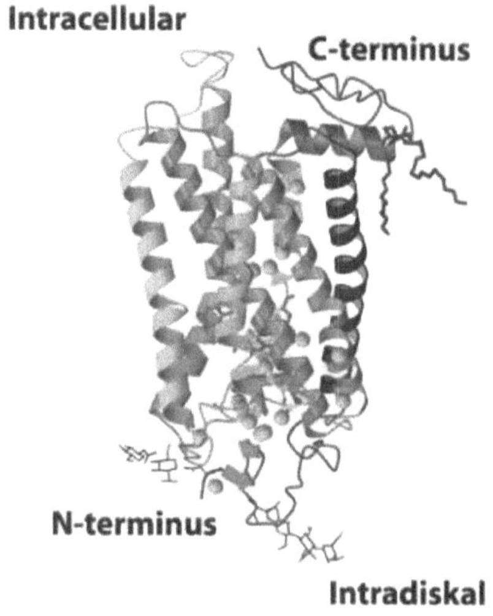

Rysunek 13: Struktura rodopsyny. Rentgenowska struktura krystaliczna rodopsyny (Isayama, 2013).

Transducyna jest heteromeryczna, składa się z α i βpodjednostek (rys.γ **14**). W stanie nieaktywnym podjednostka α transducyny ma związany z nią PKB, ale aktywna rodopsyna wiąże transducynę i katalizuje wymianę związanego PKB na

GTP, prowadząc do uwolnienia podjednostki α-GTP z transducyny. To dlatego, że PKB działa jak klej, który utrzymuje transducyny heterotrimer razem, więc bez PKB, podjednostki pochodzą z (Isayama, 2013).

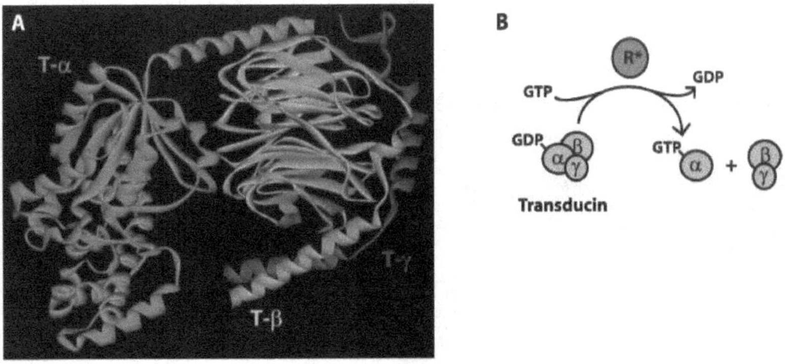

Rysunek 14: Struktura transducyny. **A.** Heterotrimeryczny skład transducyny **B.** Aktywacja transducyny. Aktywna rodopsyna (R*) wiąże heterotrimer transducyny i katalizuje wymianę związanego PKB na GTP, prowadząc do uwolnienia podjednostki α-GTP z transducyny (Isayama, 2013).

Siatkówka chromoforu 11-cis jest kowalencyjnie połączona za pomocą zasady łupiny z konserwowaną pozostałością lizyny (Lys 296 działa jako miejsce połączenia chromoforu i jest zawarty w H7 we wszystkich pigmentach). (Shichida, 2003). Pozostałość kwasu karboksylowego jest konserwowana w H3 i służy jako przeciw-jon do protonowanej, dodatnio naładowanej zasady Schiffa (Menon, 2001).

Struktura siatkówki 11-cis sprawia, że doskonale nadaje się ona jako molekuła pochłaniająca światło w pigmentach prętowych i stożkowych. Za każdym razem, gdy sznurek węglowy jest połączony z naprzemiennym wiązaniem podwójnym i pojedynczym, wiązania te nabierają szczególnego charakteru, nie jest to wiązanie pojedyncze, ale też nie jest to wiązanie podwójne. Co więcej, elektrony wiążące nie pozostają z konkretną parą węglową, lecz przemieszczają się po całym sprzężonym łańcuchu. Nie potrzeba zbyt wiele energii, aby podnieść elektrony do stanu wzbudzonego. Soczewka 11-cisowa sama w sobie pochłaniałaby promieniowanie UV. Ale opsyna zakłóca rozkład elektronów tak, że stan wzbudzony może być osiągnięty z mniejszą energią, tj. ze światłem o większej długości fali. Opsiny stożkowe mają podobną strukturę hepta-helikalną, ale z różnymi pozostałościami aminokwasów otaczających związaną siatkówkę 11-cis; w ten sposób dostrajają absorpcję chromoforu do różnych długości fal (Isayama, 2013).

Siatkówka ludzka posiada jeden rodzaj pręcika do przyciemnienia widzenia światła i trzy rodzaje komórek stożkowych, które umożliwiają rozróżnienie kolorów (Kefalov, 2012). Pomimo podobieństwa funkcji, pręty i stożki wykazują istotne różnice funkcjonalne, które można wykazać fizjologicznie. Po pierwsze, pręty są tak czułe, że potrafią wykryć pojedynczy foton światła, co sprawia, że doskonale nadają się do widzenia przy słabym świetle. Z drugiej strony, stożki są nawet 100 razy mniej czułe niż pręty. W związku z tym nie mogą sygnalizować w warunkach słabego oświetlenia, pozbawiając nas możliwości widzenia kolorów w nocy. Po drugie, pręty nasycają się nawet umiarkowanie jasnym światłem i pozostają nieaktywne przez większą część dnia. Natomiast szyszki mają niezwykłą zdolność do regulacji czułości i pozostają światłoczułe nawet w bardzo jasnym świetle.

Proces ten, zwany adaptacją do światła, zapobiega nasycaniu się pachołków w jasnym świetle i pozwala nam widzieć przez cały dzień. Przy nasyconych prętach, szyszki są odpowiedzialne za większość informacji wizualnych docierających do naszego mózgu w ciągu dnia. Po trzecie, pręty doświadczają długiego czasu oporu po wystawieniu na działanie jasnego światła i mogą potrzebować nawet 1h, aby całkowicie odzyskać swoją czułość. W przeciwieństwie do tego, szyszki szybko odzyskują swoją wrażliwość w ciągu kilku minut. Proces ten, nazywany adaptacją w ciemności, zapobiega oporności szyszek i pozwala nam zachować percepcję wzrokową w szybko zmieniającym się środowisku świetlnym (Kefalov, 2012).

Po pochłonięciu fotonu, 11-cis-siatkówka ulega izomeryzacji do wszystkich trans-siatkówek (**Rysunek 15**) (jest to jedyna reakcja zależna od światła w widzeniu). W wyniku tej zmiany konformacyjnej siatkówka nie mieści się już w miejscu wiązania w opsynie, a następnie opsyna przechodzi serię spontanicznych zmian konformacyjnych, aby stać się aktywną (w stanie Meta II) (Luo, 2008).

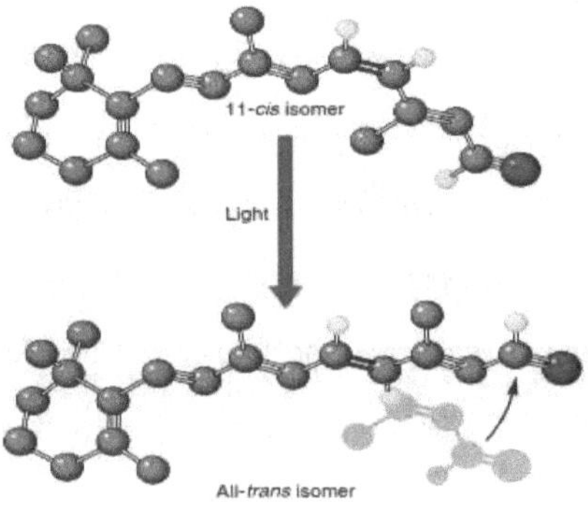

Rysunek 15: Absorpcja światła przez siatkówkę. Kiedy światło jest pochłaniane przez fotopigment, 11-cisowy izomer siatkówki ulega zmianie kształtu, tworząc 11-przekrojową siatkówkę. Ta zmiana w kształcie siatkówki inicjuje łańcuch zdarzeń, który prowadzi do hiperpolaryzacji fotoreceptora.

Podstawowym pośrednim składnikiem opsynowym jest fotorodopsyna. Fotorodopsyna jest następnie przetwarzana termicznie na wiele półproduktów, w tym Bathorhodopsin (Batho), niebieski półprodukt (BSI), lumirhodopsin (Lumi) i metarhodopsin (I, II i III), z których każdy wykazuje charakterystyczne spektrum absorpcji (Shichida, 2003). Spośród wszystkich tych półproduktów Meta II jest jedynym aktywnym, tzn. jest jedynym półproduktem zdolnym do aktywowania transducyny poprzez katalizowanie reakcji wymiany PKB/GTP. Ostatecznie pigment jest hydrolizowany na opsynę i all-trans-retinal i mówi się o nim, że jest "bielony". Pigment funkcjonalny jest regenerowany, gdy opsyna rekombinuje się z inną 11-cis-retinalną molekułą (Luo, 2008).

Transducyna służy jako pośrednik między aktywowanym receptorem a efektorem. W tym przypadku, efektorem jest fosfodiesteraza (PDE), która enzymatycznie rozszczepia wiązanie fosfodiestrowe cGMP do postaci 5'-GMP. PDE jest heterotetramerem, który składa się z dimeru dwóch podjednostek katalitycznych, α i β, każda z aktywnym miejscem zahamowanym przez podjednostkę γPDE. Aktywowana podjednostka transducyny α-GTP wiąże się z PDE γi zwalnia hamowanie na podjednostce katalitycznej. Wszystkie te zdarzenia mają miejsce w obrębie membrany dysku, oddzielone od kanałów jonowych w membranie plazmowej segmentu zewnętrznego. Mała, rozpuszczalna cząsteczka, cGMP, łączy te dwa przedziały. Po aktywacji, hydrolizaty PDE cGMP do 5'-GMP, stężenie cGMP wewnątrz pręta maleje, a cykliczne kanały jonowe z nukleotydami reagują zamknięciem (rys. **16 i 17**). Wejście Na+ do zewnętrznego segmentu jest zablokowane, a więc pręt hiperpolaryzuje (Isayama, 2013).

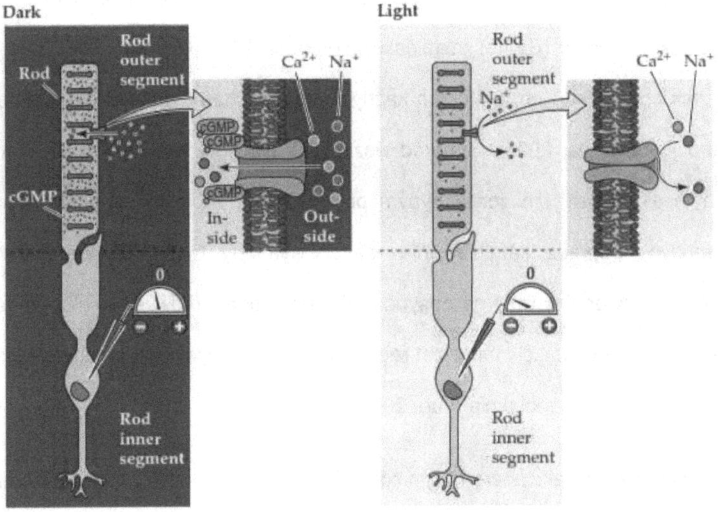

Rys. 16: W ciemności poziomy cGMP w segmencie zewnętrznym są wysokie; cząsteczka ta wiąże się z kanałami Na+ w błonie, pozwalając na wejście sodu (i innych kationów), depolaryzując w ten sposób komórkę. Ekspozycja na światło prowadzi do spadku poziomu cGMP, zamknięcia kanałów i hiperpolaryzacji receptora (Purves, 2004).

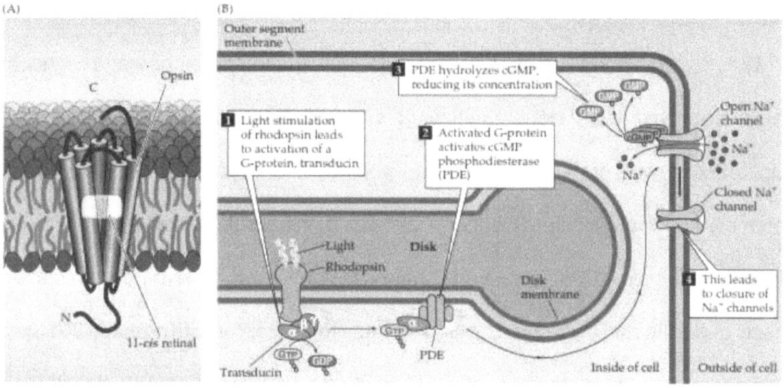

Rysunek 17: Szczegóły dotyczące fototransductio w fotoreceptorach prętowych. **A:** Struktura molekularna rodopsyny. **B:** kaskada fototransdukcyjna (Purves, 2004).

W wyniku hiperpolaryzacji fotoreceptorów do rozszczepu synaptycznego uwalnia się mniej neuroprzekaźników (glutaminianu).

Jak już wcześniej wspomniano, w zależności od reakcji na glutaminian można zidentyfikować dwa rodzaje komórek bipolarnych. Komórki bipolarne typu ON wyrażają metabotropowe receptory glutaminianu (mGluR), które sygnalizują odwrócenie sygnału fotoreceptora (Hack, 1999); tzn. hiperpolaryzują przy braku światła z powodu zamknięcia kanałów kationowych sprzężonych z mGluR (Kaneda, 2013) i depolaryzują się przy stymulacji światłem (Soucy, 1998) z powodu inaktywacji mGluR z powodu zmniejszenia ilości glutaminianu wprowadzanego przez fotoreceptory (Kaneda, 2013). Dlatego też wewnątrzkomórkowa kaskada mGluR sprzężona z mGluR staje się nieaktywna, usuwając inhibicję z kanału kationowego i wywołując depolaryzację komórek (Kaneda, 2013).

Komórki bipolarne typu OFF wyrażają jonotropowe receptory glutaminianu (AMPA) (α-amino-3-hydroksy-5-metylo-4-izoksazolepropionowego kwasu kainowego typu KA), które zachowują sygnał fotoreceptora (Hack, 1999); i.e, depolaryzują się przy braku światła, ponieważ sprzężone z VDMFK kanały kationowe otwierają się (Kaneda, 2013), a hiperpolaryzują przy stymulacji światłem (Soucy, 1998) z powodu inaktywacji VDMFK w wyniku zmniejszenia ilości glutaminianu wprowadzanego przez fotoreceptory (Kaneda, 2013). W związku z tym sprzężona z VDMFK kaskada wewnątrzkomórkowa staje się nieaktywna, hamując kanał kationowy i wywołując hiperpolaryzację komórek (Kaneda, 2013).

Chociaż uważa się, że fotoreceptory stożkowe ssaków łączą się z wieloma różnymi typami ogniw ON- i OFF-bipolarnych, fotoreceptory prętowe łączą się tylko z jednym typem ogniw bipolarnych, czyli z fotoreceptorami prętowymi ON-bipolarnych (**Rysunek 18**) (Hack 1999).

Oprócz tych bezpośrednich połączeń z fotoreceptorów, każde ogniwo bipolarne otrzymuje część swoich uczuć z ogniw poziomych. Te poziome ogniwa są z kolei połączone z zespołem fotoreceptorów otaczających grupę centralną, która jest bezpośrednio połączona z ogniwami bipolarnymi. W rezultacie pole odbiorcze ogniwa bipolarnego składa się z dwóch elementów: centralnego pola odbiorczego, które przemieszcza się bezpośrednio z fotoreceptorów do ogniwa bipolarnego, oraz obwodowego lub obwodowego pola odbiorczego składającego się z informacji docierającej przez ogniwa poziome (Schiller, 2010).

Komórki poziome działają w celu zwiększenia ostrości sygnałów sensorycznych przez tę boczną interakcję z wieloma fotoreceptorami. W rzeczywistości, kiedy światło dociera do siatkówki, niektóre fotoreceptory mogą być jasno oświetlone, podczas gdy inne mogą być oświetlone znacznie mniej. Tłumiąc sygnały z tych mniej oświetlonych fotoreceptorów, komórki poziome zapewniają, że tylko sygnał z dobrze oświetlonych fotoreceptorów dociera do komórek zwojowych, poprawiając w ten sposób ostrość i zwiększając kontrast sygnału wizualnego (Thoreson, 2008).

Ponieważ komórki dwubiegunowe pręta nie mają bezpośredniego kontaktu synaptycznego z komórkami zwojowymi, komórki amakrynowe są szczególnie ważne w pośredniczeniu w tej interakcji (Kaneda, 2013). Najczęściej są to komórki amakrynowe typu AII. Każdy z tych amakryn tworzy dwa główne rodzaje kontaktów: jeden to połączenie synaptyczne szczelinowe z komórkami bipolarnymi ON-cone, a drugi to połączenie synaptyczne glicergiczne z komórkami zwojowymi OFF (Schiller, 2010). Dlatego też, komórki amakrynowe AII, pobudzone przez synaptyczne wejścia z komórek bipolarnych pręta, wysyłają sygnały pobudzające do aksonowych końcówek komórek bipolarnych ON za pośrednictwem złączy szczelinowych w sposób zachowujący znak oraz wysyłają sygnały hamujące do aksonowych końcówek komórek bipolarnych OFF za pośrednictwem synaps glicyninergicznych w sposób odwracający znak (Kaneda, 2013).

Zaproponowano, aby sygnały prętowe mogły również poruszać się inną drogą, omijającą ogniwo dwubiegunowe pręta - mianowicie poprzez przejście przez szczelinowe połączenia do stożków, a stamtąd do stożka ON i OFF komórek dwubiegunowych (**Rysunek 18**) (Soucy, 1998).

Układ ten zdaje się osiągać dla prętów w siatkówce wewnętrznej to, co jest osiągane dla stożków w siatkówce zewnętrznej: zamienia on system fotoreceptorów jednokierunkowych w dwukierunkowy (Schiller, 2010). W ten sposób, komórki amakrynowe zapewniają alternatywną, pośrednią drogę między komórkami dwubiegunowymi pręta a komórkami zwojowymi dla wyższego przetwarzania.

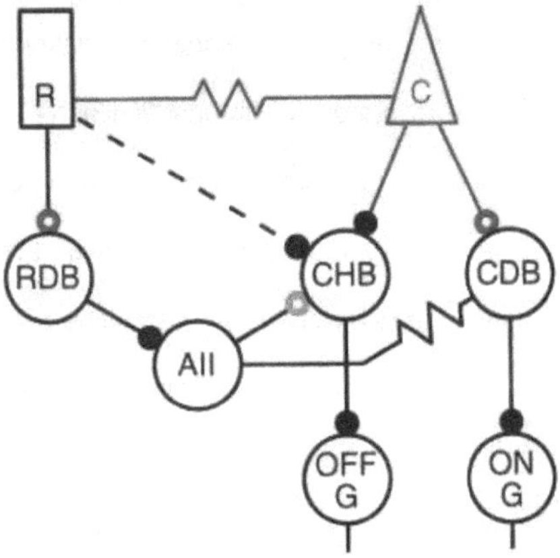

Rysunek 18: Schemat szlaków ssaków (Soucy, 1998).

Każda komórka dwubiegunowa pręta ma kontakt z wieloma prętami, aż 100 komórek prętowych, a wiele komórek dwubiegunowych pręta ma kontakt z daną komórką amakrynową. W przeciwieństwie do tego, system stożkowy jest znacznie mniej zbieżny. Tak więc, każda komórka zwoju siatkówki, która dominuje w widzeniu centralnym (zwana komórkami zwoju karłowatego) otrzymuje dane wejściowe tylko z jednej komórki bipolarnej stożka, z którą z kolei kontaktuje się pojedynczy stożek. Konwergencja sprawia, że system prętowy jest lepszym detektorem światła, ponieważ małe sygnały z wielu prętów są łączone w celu wygenerowania dużej odpowiedzi w komórce bipolarnej. Jednocześnie konwergencja zmniejsza rozdzielczość przestrzenną systemu prętowego, ponieważ źródło sygnału w komórce dwubiegunowej pręta lub komórce zwoju siatkówki mogło pochodzić z dowolnego miejsca na stosunkowo dużym obszarze powierzchni siatkówki. Relacja "jeden do jednego" stożków do komórek dwubiegunowych i zwojowych jest, oczywiście, tylko to, co jest wymagane, aby zmaksymalizować ostrość (Purves, 2004).

Jako komórki bipolarne, każda komórka zwoju reaguje na stymulację małego okrężnego płata siatkówki, który określa pole chłonności komórki. Pola chłonne komórek zwojów siatkówki (RGCs) są koncentryczne, składające się w przybliżeniu z okrągłego obszaru centralnego i pierścienia otaczającego (Purves, 2004).

RGC posiadają 2 podstawowe rodzaje pól recepturowych: ON-center/OFF-surround i OFF-center/ON-surround. Centrum i jego otoczenie są zawsze antagonistyczne (Schiller, 2010).

Zapalenie się w miejscu światła w centrum pola chłonnego komórki zwojowej ON-centrum powoduje rozerwanie potencjałów działania. Ten sam bodziec zastosowany w centrum pola chłonnego komórki zwojowej ON-centrum zmniejsza szybkość rozładowania, a gdy punkt światła jest wyłączony, komórka reaguje rozerwaniem potencjałów działania (**Rysunek 19-A**). W przypadku umieszczenia ciemnej plamy w centrum pola odbiorczego (Rysunek **19-B**), dla każdego typu komórki występują uzupełniające się wzorce aktywności (Rysunek **19-A).** Tak więc, komórki ON-center zwiększają szybkość rozładowania do przyrostów luminancji w centrum pola odbiorczego, podczas gdy komórki OFF-center zwiększają szybkość rozładowania do przyrostów luminancji w centrum pola odbiorczego. Zmiany natężenia światła, czy to zwiększające się czy zmniejszające, są zawsze przenoszone do mózgu przez zwiększoną liczbę potencjałów działania.

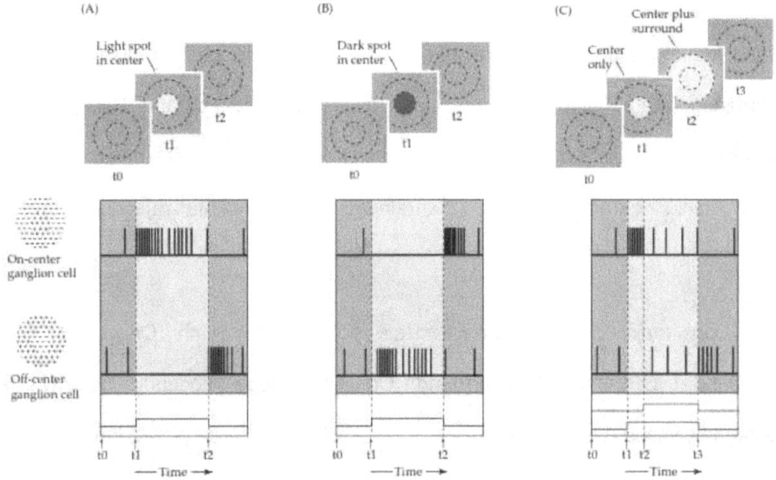

Rysunek 19: Reakcje komórek zwojów siatkówki na stymulację różnych regionów ich pól recepturowych. Górne panele wskazują sekwencję czasową zmian bodźca. (A)

Efekty plamki świetlnej w centrum pola chłonnego. B) Skutki działania ciemnej plamy w centrum pola chłonnego. (C) Efekty plamki świetlnej w centrum pola chłonnego, po których następuje dodanie światła w otoczeniu (Purves, 2004).

Podstawowa różnica pomiędzy komórkami zwojowymi a bipolarnymi polega na naturze ich reakcji elektrycznej. W rzeczywistości, wewnątrzkomórkowe badania zapisu wykazały, że fotoreceptory, komórki poziome i bipolarne wytwarzają tylko stopniowane potencjały. Potencjały działania są najpierw widoczne w niektórych komórkach amakrynowych i są produkowane przez wszystkie komórki zwojowe (Schiller, 2010).

Środek pola chłonnego komórek zwojowych otoczony jest koncentrycznym regionem, który po stymulacji antagonizuje odpowiedź na stymulację środka pola chłonnego (**Rysunek 19-C**). Na przykład, gdy punkt światła przesuwa się od środka pola receptywnego komórki ON-centrum w kierunku jej peryferii, odpowiedź komórki na punkt światła spada (Rysunek **20**). Kiedy plama światła wypada całkowicie poza centrum (czyli w otoczeniu), reakcja komórki spada poniżej poziomu spoczynkowego; komórka jest skutecznie hamowana aż do momentu, kiedy odległość od centrum jest tak duża, że plama nie spada już w ogóle na pole recepcyjne, w którym to przypadku komórka wraca do poziomu spoczynkowego (Purves, 2004).

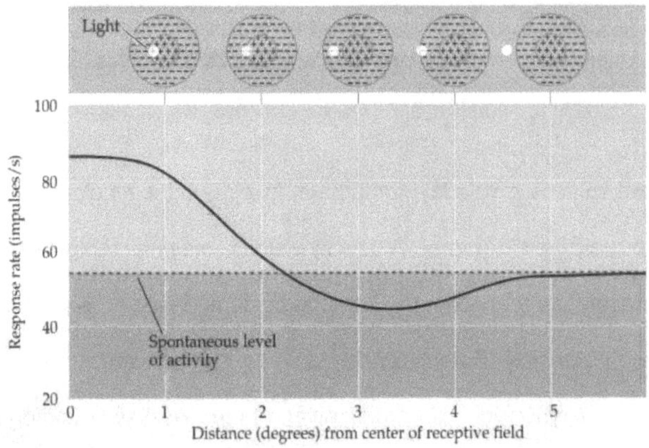

Rysunek 20: Szybkość wyładowania zwoju ogniwa do plamy światła w zależności od odległości plamy od środka pola odbiorczego. Zero na osi *x* odpowiada środkowi; w odległości 5°, punkt wypada poza pole widzenia (Purves, 2004).

Podobnie jak mechanizm odpowiedzialny za generowanie odpowiedzi ON- i OFF-center, antagonistyczne otoczenie komórek zwojowych jest produktem oddziaływań, które zachodzą na wczesnych etapach przetwarzania siatkówki (ryc. **21**) (Purves, 2004).

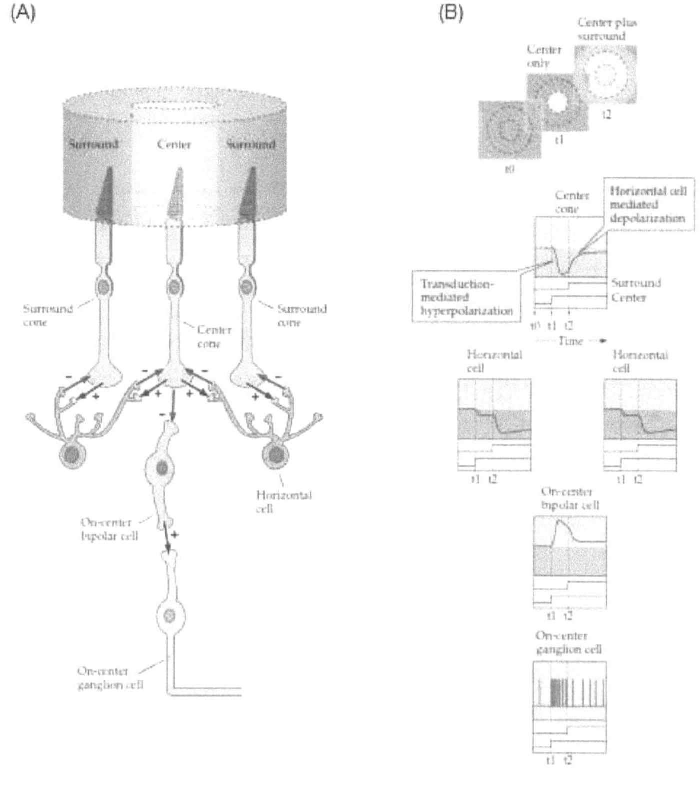

Rysunek 19: Obwód odpowiedzialny za generowanie pola chłonnego w otoczce zwoju siatkówkowego ON-center. A) Anatomia funkcjonalna poziomych wejść komórki odpowiedzialnych za antagonizm otoczenia. A plus oznacza synapsę chroniącą znak; minus oznacza synapsę odwracającą znak. (B) Reakcje różnych typów komórek na prezentację plamy świetlnej w środku pola chłonnego (t1), po której następuje dodanie stymulacji świetlnej w otoczeniu (t2). Stymulacja świetlna otoczenia prowadzi do hiperpolaryzacji komórek poziomych i zmniejszenia uwalniania się nadajnika hamującego (GABA) na końcówki fotoreceptorów. Efektem netto jest depolaryzacja końcówki stożka środkowego, kompensująca znaczną część hiperpolaryzacji wywołanej kaskadą transdukcyjną w zewnętrznym segmencie stożka środkowego (Purves, 2004).

IV.3.b. Droga wzrokowa w kierunku mózgu

Aksony komórek zwojowych tworzą wyjście z siatkówki, gdzie łączą się w wiązki tworząc **nerw wzrokowy** (czyli nerw czaszkowy II). Ten obszar siatkówki nie zawiera fotoreceptorów, a ponieważ jest niewrażliwy na światło, wytwarza zjawisko percepcyjne znane jako ślepa plama (Purves, 2004). Dysk optyczny jest łatwo rozpoznawalny jako białawy okrągły obszar, gdy siatkówka jest badana za pomocą okulisty; jest on również rozpoznawany jako miejsce, z którego tętnica okulistyczna i żyły wchodzą (lub wychodzą) do oka (**Rysunek 20**).

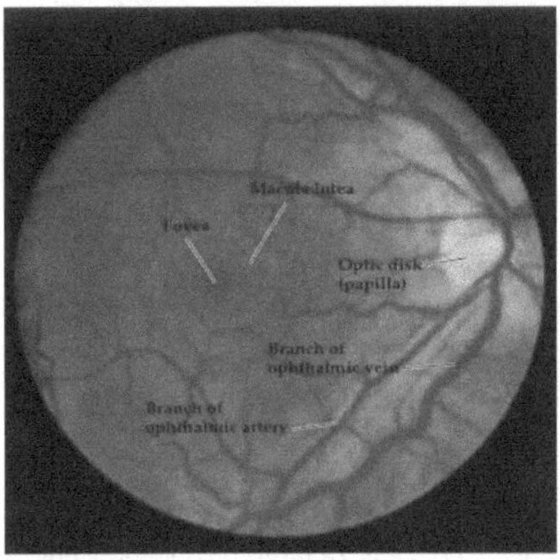

Rysunek 20: Powierzchnia siatkówki oka lewego, oglądana za pomocą okulisty. Dysk optyczny to obszar, w którym aksony komórek zwojowych opuszczają siatkówkę w celu utworzenia nerwu wzrokowego; charakteryzuje się on również odpowiednio wejściem i wyjściem z tętnic okulistycznych i żył zasilających siatkówkę (Purves, 2004).

W obrębie nerwów, różne aksony przenoszą różne części sygnału wizualnego. Niektóre aksony stanowią drogę magnokomórkową (dużą komórkę), która przenosi informacje o formie, ruchu, głębokości i różnicach jasności. Inne aksony tworzą parwokomórkową (małą komórkę) ścieżkę, która niesie informacje o kolorze i drobnych szczegółach. Niektóre informacje wizualne rzutują bezpośrednio z powrotem do mózgu, podczas gdy inne informacje przecinają się na przeciwną stronę mózgu. To skrzyżowanie ścieżek optycznych wytwarza charakterystyczny **chiasma optyczna** (grecki, dla "skrzyżowania") znaleziony u podstawy diencephalon, tylko z przodu do łodygi przysadki mózgowej (Breedlove, 2007). U ludzi, około 60% tych włókien krzyżuje się w chiasmie, podczas gdy pozostałe 40% kontynuowane jest w kierunku wzgórza i środkowego odcinka mózgu po tej samej stronie (Purves, 2004). Aksony z siatkówki nosowej przecinają się po przeciwnej stronie mózgu. Aksony z projektu siatkówki skroniowej przechodzą na własną stronę głowy (Breedlove, 2007). Po przejściu przez chiasm, aksony komórek zwojowych po każdej stronie tworzą **układ optyczny**. Tak więc, w przeciwieństwie do nerwu wzrokowego, układ optyczny zawiera włókna z obu oczu. Częściowe skrzyżowanie (lub decussation) aksonów komórek zwojowych w chiasmie optycznym umożliwia przetwarzanie informacji z odpowiednich punktów na obu siatkówkach przez mniej więcej to samo miejsce korowe na każdej półkuli (Purves, 2004).

Włókna nerwów wzrokowych wystają do kilku struktur w mózgu (Ryc. **21**), z których największa liczba przechodzi do wzgórza (Widmaier, 2008), stacji routingu dla wszystkich przychodzących impulsów sensorycznych z wyjątkiem zapachu (Purves, 2004), a konkretnie do bocznego niuansu genikulacyjnego (LGN) (Widmaier, 2008).

Neurony w bocznym jądrze genikulatora, podobnie jak ich odpowiedniki w przekaźnikach wzgórza innych systemów sensorycznych, wysyłają swoje aksony do kory mózgowej poprzez wewnętrzną kapsułę. Te aksony przechodzą przez część wewnętrznej kapsuły zwanej **promieniowaniem optycznym** (ryc. **21**) i kończą się w pierwotnej korze wzrokowej (zwanej również korą prążkową, obszar Brodmanna 17, lub V1), która leży w dużej mierze wzdłuż i w obrębie szczeliny kalkarowej w płacie potylicznym (Purves, 2004). Różne aspekty informacji wizualnej są przenoszone w równoległych ścieżkach i są przetwarzane jednocześnie na wiele niezależnych sposobów w różnych częściach kory mózgowej, zanim zostaną one ponownie zintegrowane w celu wytworzenia świadomego wrażenia wzroku i percepcji z nim związanej (Widmaier, 2008).

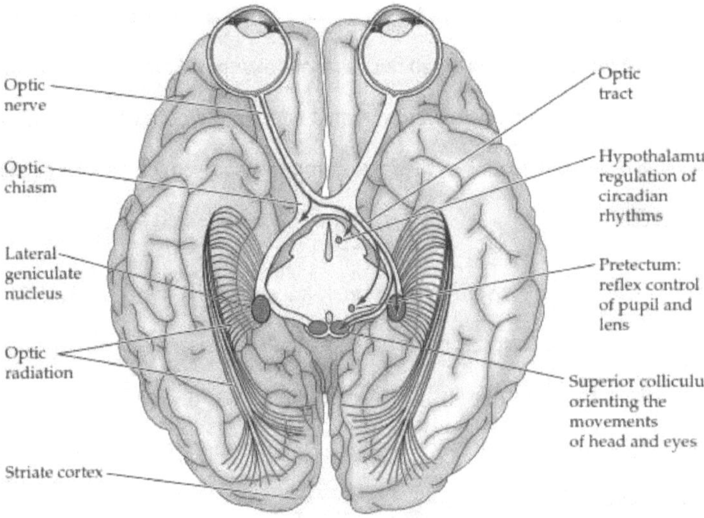

Rysunek 21: Projekcje centralne komórek zwojów siatkówki. Aksony komórek zwojowych kończą się w bocznym jądrze geniculate wzgórza, kolku górnym, pretektum i podwzgórzu (Purves, 2004).

Oprócz wejścia z siatkówki wiele neuronów bocznego jądra genikulatora otrzymuje również wejście z siatkówki pnia mózgu i wejście przekazywane z powrotem z kory wzrokowej. Te niesiatkówkowe wejścia mogą kontrolować przekazywanie informacji z siatkówki do kory wzrokowej i mogą być zaangażowane w naszą zdolność do przesunięcia uwagi pomiędzy widzeniem a innymi metodami sensorycznymi (Widmaier, 2008).

Drugim głównym celem aksonów komórek zwojowych jest zbiór neuronów, które znajdują się między wzgórzem a śródmózgiem w regionie znanym jako pretectum. Chociaż jest on niewielki w porównaniu z bocznym jądrem genikulatora, pretectum jest szczególnie ważne jako ośrodek koordynujący odruch światła źrenicy (tj. zmniejszenie średnicy źrenicy, które występuje, gdy wystarczająca ilość światła pada na siatkówkę) (rycina **22**). Początkową składową źrenicowego odruchu świetlnego jest obustronna projekcja z siatkówki do pretektum. Z kolei neurony pretektalne rzutują na jądro Edinger Westphal, niewielką grupę komórek nerwowych, która znajduje się blisko jądra nerwu okoruchowego (III czaszkowego) w środkowej części mózgu. Jądro Edinger-Westphal zawiera przedziołowe neurony przywspółczulne, które wysyłają swoje aksony przez nerw okoruchowy do końca na neurony w zwoju rzęskowym. Neurony w zwoju rzęskowym unerwują mięsień zwężeniowy w tęczówce, co po aktywacji zmniejsza średnicę źrenicy. Świecące światło w oku prowadzi w ten sposób do zwiększenia aktywności neuronów pretekstalnych, które stymulują neurony Edinger-Westphal i neurony zwoju rzęskowego, które unerwują, a tym samym uciskają źrenicę (Purves, 2004).

Istnieje kilka innych ważnych celów aksonów komórek zwojowych siatkówki. Jednym z nich jest jądro suprachiasmatyczne (SCN) podwzgórza, mała grupa neuronów u podstawy diencefalonu. SCN to skupisko komórek, które uważa się za wewnętrzny zegar organizmu, kontrolujący nasz cykl cyrkulacyjny. SCN wysyła informacje do szyszynki, co jest ważne w sen / obudzić wzorów i cykli rocznych (Purves, 2004).

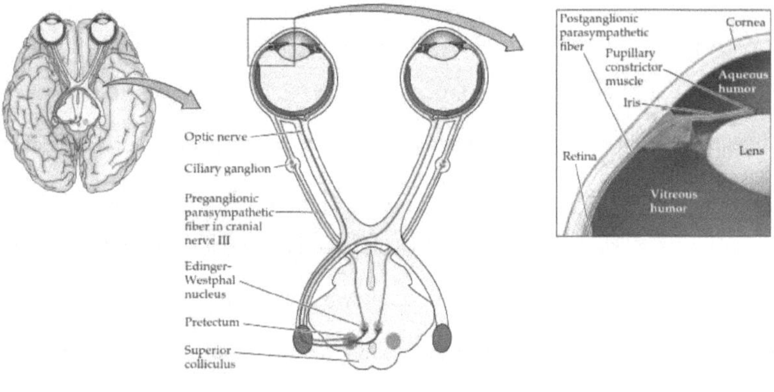

Rysunek 22: Obwód odpowiedzialny za uczniowski odruch świetlny (Purves, 2004)

Innym celem jest lepszy podbój, wyraźna struktura widoczna na grzbietowej powierzchni środkowej części mózgu (**Rysunek 23**). Podbiałek górny koordynuje ruchy głowy i oczu do wizualnych (jak również innych) celów. Jest to miejsce, w którym ruchy gałek ocznych są skoordynowane i zintegrowane z informacjami słuchowymi.

IV.3.c. Pole widzenia

Ta część świata, którą można zobaczyć bez poruszania głową lub oczami, nazywana jest **polem widzenia**. Każde oko widzi tylko część pola widzenia (**Rysunek 23**) (Breedlove, 2007).

Siatkówka może być podzielona pionowo na działy nosowe (obok nosa) i skroniowe (obok skroni) oraz poziomo na wyższe i niższe. Odpowiadające im pionowe i poziome linie w przestrzeni wzrokowej przecinają się w punkcie fiksacji (punkt w przestrzeni wzrokowej, który spada na wgłębienie) i określają kwadranty pola widzenia (Purves, 2004).

Pole widzenia można podzielić na prawe i lewe pola widzenia. Pole widzenia z prawej strony widziane jest przez siatkówkę skroniową lewą i nosową prawą, natomiast pole widzenia z lewej strony przez siatkówkę nosową lewą i nosową prawą. Pola widzenia obu oczu w środkowej części każdej z półpól widzenia pokrywają się w znacznym stopniu. Ten obszar określa pole widzenia lornetki. Widzenie na obwodzie pola widzenia jest ściśle monokularne, pośredniczy w nim najbardziej przyśrodkowa część siatkówki nosowej (Breedlove, 2007).

Krzyżowanie się promieni świetlnych odbiegających od różnych punktów na obiekcie na źrenicy powoduje odwrócenie obrazów obiektów w polu widzenia i odwrócenie ich na powierzchni siatkówki w lewo i w prawo. W rezultacie obiekty w czasowej części pola widzenia widziane są przez nosową część siatkówki, a obiekty w górnej części pola widzenia przez dolną część siatkówki (Purves, 2004).

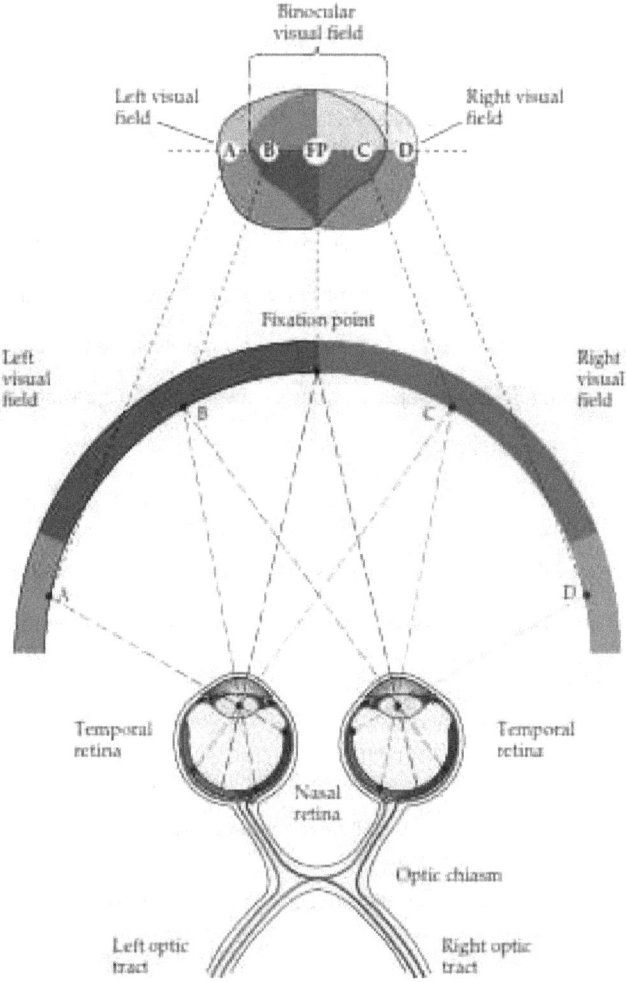

Rysunek 23: Projekcja pola widzenia lornetki na dwie siatkówki i jego związek z przecięciem włókien w chiasmie optycznym. Informacje z lewego pola widzenia przenoszone są w prawym ciągu optycznym, a informacje z prawego pola widzenia w lewym ciągu optycznym (Purves, 2004).

IV.3.d. Adaptacja do światła a adaptacja do ciemności

W przypadku przejścia z miejsca, w którym panuje jasne światło słoneczne do zaciemnionego pomieszczenia, następuje chwilowa "ślepota", aż do momentu, w którym fotoreceptory zostaną poddane **ciemnej adaptacji**. Przy niskim poziomie oświetlenia zaciemnionego pomieszczenia, widzenie może być zapewnione tylko przez pręty, które mają większą czułość niż stożki. Podczas ekspozycji na jasne światło, jednak rodopsyna prętów została całkowicie aktywowana, co czyni je niewrażliwymi na światło (Widmaier, 2008). Rodopsyna nie może reagować w pełni ponownie, dopóki nie zostanie przywrócona do stanu spoczynku, co jest procesem wymagającym kilku minut, w którym rodopsyna jest wyłączana w dwóch etapach, najpierw jest fosforowana przez kinazę rodopsyny, a następnie umożliwia wiązanie białka hartowniczego zwanego arrestin (Lagendo, 2014). Ciemna adaptacja zachodzi częściowo w wyniku regeneracji przez enzymy początkowej postaci rodopsyny, która może reagować na światło. Witamina A jest niezbędna do dobrego widzenia w nocy, ponieważ jest ona niezbędna do syntezy siatkówkowej części rodopsyny (Widmaier, 2008).

W przeciwieństwie do adaptacji w ciemności, **adaptacja do światła ma** miejsce, gdy przechodzisz z ciemnego miejsca do jasnego. Początkowo oko jest bardzo wrażliwe na światło, a obraz jest zbyt jasny i ma słaby kontrast. Rodopsyna jest jednak szybko zużywana, czyli "wybielana" przez jasne światło, a pręciki stają się niereagujące, więc tylko mniej czułe stożki działają, a obraz staje się mniej jasny (Widmaier, 2008).

V. Najczęstsze zaburzenia i choroby oczu

Choroby oka są tak powszechne. Miliony ludzi ma problemy ze wzrokiem. Chociaż drobne problemy ze wzrokiem nie są nawet uważane za prawdziwe choroby, wiele chorób oczu, jeśli nie są leczone, mogą powodować ślepotę. Poniżej znajduje się krótki opis niektórych powszechnych chorób oczu.

V. 1. Zaburzenia wyrównania i ruchu

Normalne widzenie wymaga, aby oba oczy były precyzyjnie ustawione i poruszały się razem w ścisłej koordynacji. **Strabizmus** jest zaburzeniem, w którym obydwa oczy nie ustawiają się w tym samym kierunku, a zatem nie patrzą na ten sam przedmiot w tym samym czasie. Stan ten jest bardziej znany jako "skrzyżowane oczy" (McConnell, 2007).

Każde oko otoczone jest sześcioma różnymi mięśniami i pracuje jako zespół, dzięki czemu oba oczy mogą skupić się na tym samym przedmiocie. U osób z zezem mięśnie te nie współpracują ze sobą. W rezultacie jedno oko spogląda na jeden obiekt, a drugie obraca się w innym kierunku i skupia się na innym obiekcie (McConnell, 2007).

Kiedy to nastąpi, do mózgu wysyłane są dwa różne obrazy, po jednym z każdego oka. To dezorientuje mózg. U dzieci, mózg może nauczyć się ignorować obraz ze słabszego oka (McConnell, 2007).

Jeśli zez nie jest leczony, oko, które mózg ignoruje, nigdy nie będzie widzieć dobrze. Ta utrata wzroku nazywana jest **amblyopią**. Inna nazwa amblyopia to "leniwe oko" (McConnell, 2007).

Nystagmus jest szybkim, mimowolnym, powtarzającym się ruchem jednego lub obu oczu. Może być spowodowany przez chorobę neurologiczną (zwłaszcza móżdżku), chorobę ucha wewnętrznego lub toksyczność narkotyków (McConnell, 2007).

V. 2. Zaburzenia refrakcji

Zaburzenia refrakcji to takie, w których obrazy są rozmyte z powodu nieostrości promieni świetlnych, które nie są w stanie skupić się dokładnie na siatkówce oka. Zaburzenia te mogą być spowodowane nieprawidłowym kształtem rogówki, wydłużeniem lub skróceniem gałki ocznej, lub sztywnością soczewki, która zakłóca regulację ostrości. Zaburzenia te zazwyczaj nie są związane z nieprawidłowościami patologicznymi.

W niektórych przypadkach obraz odległych obiektów skupia się przed siatkówką oka, a nie na siatkówce oka, co jest stanem zwanym **krótkowzrocznością (ryc. 24)** (McConnell, 2007). Może ona być spowodowana zbyt dużą krzywizną powierzchni rogówki lub zbyt długą gałką oczną (Purves, 2004).

Myopia jest powszechnie nazywana krótkowzrocznością, jest powszechną przyczyną niepełnosprawności wzrokowej na całym świecie. Dzieje się tak dlatego, że soczewka jest zazwyczaj w stanie przezwyciężyć wadę u bliskich przedmiotów (Fredrick, 2002).

Osoby z krótkowzrocznością można zaklasyfikować do dwóch grup: osoby z krótkowzrocznością od niskiego do skromnego stopnia (określaną jako krótkowzroczność "prosta" lub "szkolna", od 0 do - 6 dioptrii*) oraz osoby z krótkowzrocznością wysoką lub patologiczną (powyżej - 6 dioptrii). Miopię prostą można skorygować za pomocą okularów lub soczewek kontaktowych, podczas gdy "wysoka" (patologiczna) krótkowzroczność jest często związana z potencjalnie ślepymi warunkami, takimi jak oderwanie siatkówki, zwyrodnienie plamki żółtej i jaskra (Fredrick, 2002).

W wizji skróconej, siatkówka jest zbyt blisko rogówki, punkt centralny znajduje się za siatkówką, a obraz jest zamazany, stan zwany **nadwzrocznością**. Mówi się, że osoby z nadwzrocznością są dalekowzroczne, ponieważ soczewka jest często w stanie przezwyciężyć wadę w przypadku odległych obiektów **(ryc. 24)** (McConnell, 2007).

W przypadku ostrości na odległych obiektach, mięśnie rzęskowe ciągną za krawędzie soczewki i spłaszczają ją; w przypadku obiektów znajdujących się w pobliżu, mięśnie rozluźniają się i pozwalają soczewce przybrać grubszy, bardziej kulisty kształt. Siła ogniskowania jest stopniowo tracona przez lata i powoduje powolne zmniejszanie się zdolności oka do ogniskowania na pobliskich obiektach, co jest stanem zwanym **prezbiopią**. Około 40 roku życia ludzie stopniowo zauważają niezdolność do skupiania się na pobliskich obiektach, ponieważ znajdują potrzebę trzymania materiałów do czytania w większej odległości. Jest to naturalna część procesu starzenia się i dotyczy wszystkich (McConnell, 2007).

Czasami, krzywizna rogówki nie jest jednolita. W takich przypadkach obraz w niektórych miejscach jest odpowiednio skupiony, a w innych rozmyty, co jest stanem zwanym **astygmatyzmem (rys. 24)** (McConnell, 2007).

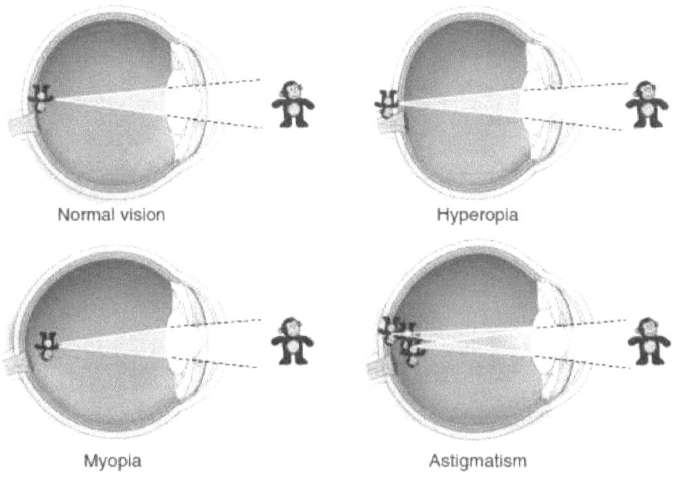

Rysunek 24: Załamanie się oka. Widzenie normalne a trzy powszechne nieprawidłowości (Leonard, 2014).

Te zaburzenia refrakcji są korygowane przez okulary, soczewki kontaktowe lub chirurgiczne przekształcenie rogówki.

V. 3. Zaburzenia na orbicie

Przemieszczanie się kuli ziemskiej na orbicie, czyli wybrzuszanie się oczu, jest **proptozą**. Stan ten jest spowodowany zwiększoną ilością tkanki i płynu w orbicie za kulą ziemską. Ważną przyczyną protozy jest choroba Gravesa (nadczynność tarczycy), która powoduje odkładanie się tłuszczu i płynu za kulą ziemską i wytwarza niezwykły "bug-eyed" wygląd. Protoza jest odkryciem klinicznym, które występuje również w zapaleniu oczodołów, infekcji lub masy, takich jak naczyniak, chłoniak lub gruczolak łzowy (McConnell, 2007). Do dodatkowych nieprawidłowości lub nieprawidłowych stanów oka należą następujące obserwacje:

V. 4. Katarakta

Zaćma jest nieprawidłowym, postępującym stanem soczewki, charakteryzującym się utratą przezroczystości; jest to zmętnienie soczewki. Większość katarakty jest spowodowana wiekowym zwyrodnieniem włókien soczewki, w którym włókna rozbijają się na cząsteczki wystarczająco małe, aby wywierać efekt osmotyczny, który przyciąga wodę do soczewki, zamulając ją i zakłócając transmisję światła. Katarakty są główną przyczyną złego widzenia i ślepoty na całym świecie (McConnell, 2007).

Cukrzyca może być przyczyną zaćmy, w której nadmierny poziom cukru we krwi jest zamieniany w soczewce na sorbitol, cząsteczkę o dużej mocy osmotycznej, która przyciąga wodę, a tym samym powoduje zmętnienie soczewki (McConnell, 2007).

V. 5. Retinitis Pigmentosa (RP)

Retinitis pigmentosa odnosi się do niejednorodnej grupy dziedzicznych zaburzeń wzroku charakteryzujących się postępującą utratą wzroku na skutek stopniowego zwyrodnienia fotoreceptorów (portmonetki, 2004).

V. 6. Związana z wiekiem degeneracja plamki żółtej (ARMD)

Zwyrodnienie plamki żółtej jest zaburzeniem wzroku, które powoli niszczy ostre, centralne widzenie. Powoduje to, że trudno jest dostrzec drobne szczegóły i odczytać. Choroba ta jest najczęściej spotykana u osób powyżej 60 roku życia, dlatego też często nazywa się ją związanym z wiekiem zwyrodnieniem plamki żółtej (ARMD) (Purves, 2004).

V. 7. Retinopatia cukrzycowa

Retinopatia cukrzycowa to retinopatia (uszkodzenie siatkówki oka) spowodowana powikłaniami cukrzycy, która może ostatecznie doprowadzić do ślepoty. W tym stanie tętnice siatkówkowe rozwijają mikrotętniaki i przeciekające osocze lub krew, tworząc wysięki i krwotoki z siatkówki (McConnell, 2007).

V. 8. Jaskra

Jaskra nie jest pojedynczą chorobą oczu, lecz terminem określającym kilka chorób oczu, które mogą uszkodzić nerw wzrokowy. Jaskra jest zazwyczaj wynikiem nienormalnie wysokiego ciśnienia wewnątrz oka. Z czasem zwiększone ciśnienie może spowodować erozję tkanki nerwu wzrokowego, co może prowadzić do utraty wzroku lub nawet ślepoty. Jeśli zostanie wcześnie złapana, można zapobiec dodatkowej utracie wzroku.

V. 9. Dieta i wizja

Niektóre składniki odżywcze zawarte w naszej diecie odgrywają istotną rolę w utrzymaniu zdrowego wzroku poprzez zapobieganie wielu chorobom i zaburzeniom wzroku.

Niektóre z tych niezbędnych dla oczu składników odżywczych obejmują witaminy C i E, karotenoidy, kwasy tłuszczowe omega-3 i śladowy minerał cynk. Spożywanie dobrze zbilansowanej diety opartej na całych produktach spożywczych powinno zapewnić zaspokojenie dziennego zapotrzebowania na te składniki odżywcze, które pomagają utrzymać wzrok (Rasmussen & Johnson, 2013).

Dostateczna ilość witaminy C i witaminy E może utrzymać Twój wzrok w najlepszym stanie. Witaminy te działają jako przeciwutleniacze, które pomagają chronić Twoje oczy przed uszkodzeniami spowodowanymi przez szkodliwe wolne rodniki. Z czasem może to zapobiec lub spowolnić postęp katarakty i zwyrodnienia plamki żółtej. Możesz zwiększyć spożycie witaminy E, spożywając więcej kiełków pszenicy, orzechów, ziaren słonecznika, migdałów, orzechów laskowych i orzeszków ziemnych oraz szpinaku. witaminę C otrzymasz z papryki, owoców cytrusowych, brokułów, truskawek i pomidorów (Christen, 2008).

Związki zwane luteiną i zeaksantyną mają pozytywny wpływ na wzrok. Są one klasą chemikaliów roślinnych zwanych karotenoidami występującymi w grochu, brokułach, zielonej fasoli, jajkach i zieleni liściowej, takiej jak szpinak. Siatkówka oka zawiera wysokie stężenie zarówno luteiny, jak i zeaksantyny, które chronią wzrok, działając jako antyoksydanty i filtrując szkodliwe długości fal światła (Koushan, 2013).

Kwas eikozapentaenowy, czyli EPA, oraz kwas dokozaheksaenowy, czyli DHA, które są rodzajami kwasów tłuszczowych omega 3 (ω3FA), mogą zapobiegać retinopatiom. Nieprawidłowy wzrost naczyń krwionośnych w siatkówce oka powoduje retinopatie i może powodować ślepotę. Uzyskanie wystarczającej ilości EPA i DHA z ryb zimnowodnych, takich jak łosoś, tuńczyk i makrela, może powstrzymać ten nieprawidłowy wzrost i utrzymać ostry wzrok (Egilmez, 2008).

Brak mineralnego cynku w organizmie może również powodować spadek wzroku. Cynk jest silnie skoncentrowany w siatkówce oka i odgrywa rolę w produkcji melaniny, pigmentu, który chroni oczy. Niedobór cynku może powodować słabe widzenie w nocy, mętne katarakty i zwyrodnienia plamki żółtej. Cynk jest ważny w utrzymaniu zdrowia siatkówki oka, ponieważ jest on niezbędnym składnikiem wielu enzymów i jest niezbędny dla optymalnego metabolizmu oka. Jony cynku są obecne w enzymie dysmutazy nadtlenkowej, który odgrywa ważną rolę w usuwaniu rodników nadtlenkowych. W odniesieniu do oka, cynk odgrywa ważną rolę w funkcji przeciwutleniającej i odpornościowej. Cynk odgrywa również ważną rolę w strukturze białek i błon komórkowych. Cynk ma również wpływ na strukturę i funkcję błon komórkowych. Utrata cynku z błon biologicznych zwiększa ich podatność na uszkodzenia oksydacyjne i upośledza ich funkcję. Cynk odgrywa również rolę w sygnalizacji komórkowej i ma wpływ na transmisję impulsów nerwowych. Więcej cynku można uzyskać jedząc czerwone mięso, orzechy, owoce morza, jajka, fasolę, jogurt i drób (Rasmussen & Johnson, 2013).

Referencje

1. **Breedlove, S. , Rosenzweig, M. , & Watson, N. (2007)**. *Psychologia biologiczna: An Introduction to Behavioral, Cognitive, and Clinical Neuroscience, 5th edition.*

2. **Cakiner-Egilmez, T.** (2007). Kwasy tłuszczowe Omega 3 i oko. *Insight (American Society of Ophthalmic Registered Nurses)*, *33*(4), 20-5.

3. **Christen, W. G., Liu, S., Glynn, R. J., Gaziano, J. M., & Buring, J. E.** (2008). A prospective study of dietary carotenoids, vitamins C and E, and risk of cataract in women. *Archives of ophthalmology*, *126*(1), 102.

4. **Demb, J. B., & Singer, J. H.** (2012). Właściwości wewnętrzne i obwody funkcjonalne komórki amakrynowej AII. *Visual neuroscience*, *29*(01), 51-60.

5. **Fredrick, D. R.** (2002). Myopia. *BMJ: British Medical Journal*, *324*(7347), 1195.

6. **Hack, I., Peichl, L., & Brandstätter, J. H.** (1999). Alternatywny szlak dla sygnałów z gryzoni w siatkówce gryzoni: fotoreceptory gryzoni, bipolarne komórki stożkowe oraz lokalizacja receptorów glutaminianowych. *Proceedings of the National Academy of Sciences*, *96*(24), 14130-14135.

7. **Hildebrand, G. D., & Fielder, A. R.** (2011). Anatomia i fizjologia siatkówki. W *siatkówce pediatrycznej* (s. 39-65). Springer Berlin Heidelberg.

8. **Isayama, T., Zimmerman, A., & Makino, C.**, (2013). *Projekt molekularny wizualnej transdukcji.*

9. **Kaneda, M.** (2013). Przetwarzanie sygnałów w siatkówce ssaków. *Journal of Nippon Medical School*, *80*(1).

10. **Kefalov, V. J.** (2012). Rod and cone visual pigments and phototransduction through pharmacological, genetic, and physiological approaches. *Journal of Biological Chemistry, 287*(3), 1635-1641.

11. **Kolb, H., Fernandez, E., & Nelson, R.**, (2013). *Webvision: organizacja siatkówki i systemu wizualnego.*

12. **Koushan, K., Rusovici, R., Li, W., Ferguson, L. R., & Chalam, K. V.** (2013). The role of lutein in eye-related disease. *Nutrienty, 5*(5), 1823-1839.

13. **Lamb, T. D., & Pugh, E. N.** (2006). Fototransdukcja, adaptacja ciemna i regeneracja rodopsyny wykład proktorski. *Investigative ophthalmology & visual science, 47(12)*, 5138-5152.

14. **Leonard, P.**, (2014). *Quick and Easy Medical Terminology, wydanie* [7.]

15. **Luo, D. G., Xue, T., & Yau, K. W.** (2008). Jak zaczyna się wizja: odyseja. *Postępowanie Narodowej Akademii Nauk, 105*(29), 9855-9862.

16. **Luo, D. G., Yue, W. W., Ala-Laurila, P., & Yau, K. W.** (2011). Aktywacja pigmentów wizualnych przez światło i ciepło. *Science, 332*(6035), 1307-1312.

17. **Masland, R. H.** (2012). Organizacja neuronalna siatkówki. *Neuron, 76*(2), 266-280.

18. **McConnell, T.**, (2007). *The Nature of Disease: Pathology For The Health Professions, wydanie* [1.]

19. **Menon, S. T., Han, M., & Sakmar, T. P.** (2001). Rhodopsin: strukturalne podstawy fizjologii molekularnej. *Physiological reviews, 81*(4), 1659-1688.

20. **Purves, D., Augustine, G., Fitzpatrick, D., Hall, W., Anthony, S., Lamantia, A., Mcnamara, J., & Williams, S.**, (2004). *Neuroscience, 3rd edition.*

21. **Rasmussen, H. M., & Johnson, E. J.** (2013). Substancje odżywcze dla starzejącego się oka. *Clinical interventions in aging*, *8*, 741.

22. **Schiller, P. H.** (2010). Równoległe kanały przetwarzania informacji tworzone w siatkówce oka. *Postępowanie Narodowej Akademii Nauk*, *107*(40), 17087-17094.

23. **Schwartz, E. A.** (2002). Synapsy transportowane w siatkówce oka. *Physiological reviews*, *82*(4), 875-891.

24. **Shichida, Y.** (2009). Evolution of opsins and phototransduction. *Philosophical Transactions of the Royal Society B: Biological Sciences*, *364*(1531), 2881-2895.

25. **Shichida, Y., & Yamashita, T.** (2003). Diversity of visual pigments from the view of G protein activation-comparison with other G protein-coupled receptors. *Nauki fotochemiczne i fotobiologiczne*, *2*(12), 1237-1246.

26. **Solomon, S. G., & Lennie, P.** (2007). The machinery of color vision. *Nature Reviews Neuroscience*, *8*(4), 276-286.

27. **Soucy, E., Wang, Y., Nirenberg, S., Nathans, J., & Meister, M.** (1998). A novel signaling pathway from rod photoreceptors to ganglion cells in mammalian retina. *Neuron*, *21*(3), 481-493.

28. **Sterling, P.** (2013). Some Principles of Retinal Design: Wykład Proctora. *Investigative ophthalmology & visual science*, *54*(3), 2267-2275.

29. **Sung, C. H., & Chuang, J. Z.** (2010). Biologia komórkowa widzenia. *The Journal of cell biology*, *190*(6), 953-963.

30. **Thoreson, W. B., Babai, N., & Bartoletti, T. M.** (2008). Feedback from horizontal cells to rod photoreceptors in vertebrate retina. *The Journal of Neuroscience*, *28*(22), 5691-5695.

31. **Widmaier, E., Raff, H., Strang, K.,** (2008). *Vander's Human Physiology: the Mechanism of Body Function, 11th edition.*

32. www.allaboutvision.com/resources/anatomy.htm. Odzyskane w dniu 10.4.2018 r.

33. http://lumenistics.com/what-is-full-spectrum-lighting/. Odzyskane w dniu 6/5/2018 r.

34. http://www.about-vision.com/refractive-errors/diopters. Odzyskane w dniu 10/5/2018 r.

FSC
www.fsc.org
MIX
Papier | Fördert gute Waldnutzung
FSC® C083411

Kolibri 360 GmbH
Ferdinand-Jühlke-Straße 7
99095 Erfurt, Deutschland
produktsicherheit@kolibri360.de

Druck:
CPI Druckdienstleistungen GmbH
im Auftrag der
Kolibri 360 GmbH
Ferdinand-Jühlke-Str. 7
99095 Erfurt